最初に発見したコウモリの棲む“三つ穴洞窟”。

コウモリの真の姿に触れると、きっと好きになりますよ！

今日はみなさんを、最近よくコウモリ調査に出かける“三つ穴洞窟”とその兄弟（姉妹）洞窟へご案内しましょう！

緑、青、赤の色がつけてあるのは調査のため。

近くに同じような洞窟があるはずと、探索した結果……苦労の末にいくつもの洞窟の入り口らしきものを発見！
じつはその昔、マンガンを取るために掘られたものだった。

いよいよ洞窟のひとつに潜入！

1カ月後、準備万端調えて、なかに入ってみた。

前ページ左下の穴を真上から見たところ。1.5×4mくらい。

穴のなかから外をのぞくと、
緑の木の葉が揺れていた。

やはりコウモリが……。100匹以上はいた。キクガシラコウモリだ。

下に水をたたえる洞窟もあった。
モモジロコウモリは
水場のある洞窟を好む。

コウモリいろいろ。

キクガシラコウモリ

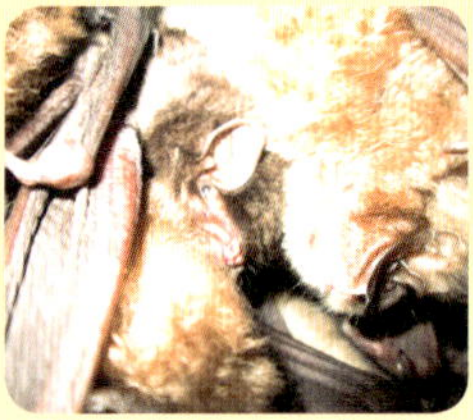

ユビナガコウモリ。キクガシラコウモリの群塊のなかで冬眠中。

モモジロコウモリ

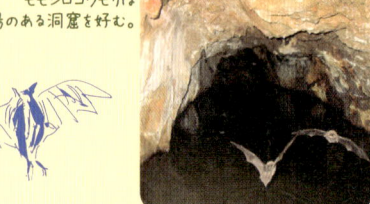

洞窟のある山里。

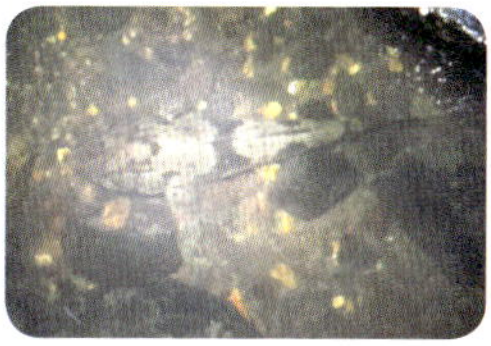

洞窟のなかにはこんな生き物もいた。

学生たちとの調査風景。

ヤギ部に仲間が増えました！

2014年8月13日、双子のヤギが誕生。
詳しくは本文207ページをご覧ください。

これは生まれて4日目。右が母ヤギのメイ。
左は乳母志願のコハル。

チビヤギたちは好奇心旺盛。

アズキとキナコと
ヤギ部部会で決定。
2匹は、時々柵から
すりぬけて、外で食事する。

ヤギとヒトの心が重なった瞬間。

ヒトもヤギもヤギ部の面々大集合！　これはキナコとアズキが生まれる前。

先生、洞窟でコウモリとアナグマが同居しています!

［鳥取環境大学］の森の人間動物行動学

小林朋道

築地書館

はじめに

前著、『先生、ワラジムシが取っ組みあいのケンカをしています！』から一年が過ぎた。

読者のみなさん、いかがお暮らしでしたか。

私は、相変わらず、山あり谷あり、洞窟（！）ありの一年でした。

さて、「はじめに」ですが、この一年で特に思い出に残っている、かつ、本文にするにはちょっと短すぎる出来事を、いくつかお話しして、「はじめに」に代えさせていただきたい（そんな安易な！）。

その一：「小林がジェイソンになった日」事件

最近、体調がイマイチである。歳のせいだろうか。

でも、動物に会いに野外に出ると元気になる。もう、要するに、そういう生き物なんだろう。私という生き物は。

先日、モモンガの森で使う予定のチェーンソーの状態をチェックするために、大学の教育・研究棟の裏で試運転をしていた。

都合よく、スギの丸太が地面に転がっていたので、チェーンソーをバリバリいわせて切っていると、爽快《そうかい》になってきた。調子にのって丸々一本、切ってしまった（それは試運転じゃないだろ）。

あとでゼミ生のＹｓくんに笑いながら言われた。

「一三日の金曜日に先生がチェーンソーで暴れていたと話題になっていますよ」

そうか、あの日は、六月一三日金曜日だったのか。チェーンソー、調子よかったなー。

オシマイ。

その二：「写真は語る！　ヤギは……」事件

三階の、階段の踊り場を通るときは、たいてい、放牧場のヤギを見るようにしている。

あるとき、次のような場面に出合って、たいそう心を動かされ写真を撮った。

写真を見ながら説明しよう（次ページの写真を見てください）。

新しく建てている最中の小屋の横に置いた台（長椅子）はヤギたちのお気に入りだ。ある日、ヤギ部のSgくんが台の上に寝転んでいると……ヤギが離れたところから探るように見はじめた（❶）。少しずつ近づいていきあと数mのところで（❷）、Sgくんが上半身を動かした。驚いたヤギ（右端）は脱兎のごとく逃げ出した（❸）

新しく建てた（まだ完成はしていない）小屋の横に台（長椅子）があり、それはヤギたちにとって、お気に入りの場所だった（ヤギは、地面から盛り上がった高い場所で休むのが好きなのだ）。

その台に、ヤギ部のＳｇくんが横になって休んでいた。疲れていたのだろう。台は、かたわらのトチノキが日陰をつくってくれ、寝るにはとてもよい場所になっていた。

すると、お気に入りの台の上を占領されたからだろうか、寝ているＳｇくんを、「あれは何よ」とばかりに、離れたところから探るように見はじめたヤギ（長老のクルミだ）がいた。そしてヤギは、警戒しながら少しずつ近づいていき、あと数メートルのところまでやって来た。対象が動かないので、多少安心していたのではないだろうか。

ところがその直後、Ｓｇくんが、寝返りをうつように、上半身を大きく動かしたのだ！

ヤギは、もうびっくりして（ヤギではない私が勝手に解釈しているが、間違ってはいないと思う）、脱兎のごとく逃げたのだ。写真は撮れなかったが、相当遠くまで逃げていった。

いや、それを見ていた私は、ヤギの行動に、圧倒的な人間くささを感じて、笑ってしまったのだ。

写真ヤギネタが好評だったので（おそらく）、写真ヤギネタをもう一つ。

ある秋の日の午後、私は、下の写真のようなヤギ（名前はコハルという）に出合った。

しばらく目と目で挨拶していたが、私は、どうしても言いたくなった。声をかけてやりたくなったのだ（みなさんならどんな言葉をかけられるだろうか）。

私がかけた言葉は、次のようなものだった。

おまえは巣のなかの鳥か――！

オシマイ。

巣のなかの鳥みたいなヤギ。いえ、敷きわらのなかで休んでるだけです。何か？（コハル）

その三：「あーっ、君はこんなところも利用しているのか」事件

その三の事件は、その一、その二に比べ、ちょっと、内容がある。ちゃんとしている（？）。今回の話のなかには、「空飛ぶ哺乳類《ほにゅうるい》」が少し多めに出てくる。最近の私の研究テーマであるモモンガとコウモリである。別々な戦略で空に進出した哺乳類たちは、共通性と突出したオリジナリティーにあふれる動物である。

その三は、私が学生の何気ない冗談のなかから、常識を破ることの大切さを目の前で実践して見せてあげた、じつによい話である。もちろん、そういう意味だけではなく、科学的にも、ささやかだけれども〝大きなもの〟につながる扉を開いた発見になるかもしれない（なんでもかんでも、大げさに言う、というのが小林流である。トホホ、単なる子どもじゃんか）。

コウモリの棲みかを探すのは、大変なことである。

たとえば、新しい棲みかの発見をめざして、コウモリがいる可能性が高いと考えられる廃坑（昔、鉱物を掘り出していた鉱山）を探してみよう。

地図の上で場所を教えてもらっても、実際、そのあたりに行って入り口を見つけるのは容易ではない。

「あなたがお探しの腕時計は、この家のなかのどこかにありますよ」と言われるようなものだ。〝家のなか〟には、いろいろなものが置いてあり、腕時計はなかなか見つからない。廃坑の入り口は土砂でなかば埋まっていたり、その前を植物が繁茂して覆っていたり、そもそも教えてくださった方の単なる記憶違いであったり、………なかなか大変なのだ。


ある日、ゼミの学生、ＹｎくんとＹｓくんと一緒に、ある方から、地図もつけて教えてもらった場所を探しにいった。

標高四〇〇メートルくらいの比較的高地の町での話である。

地図の上には、大体の位置がプロットされており、「〇×公園から川を隔てて向こう側の山の斜面に入り口が見える」という有力な情報が付帯されていた。

われわれは、道路際《ぎわ》の〇×公園に立ち、「川を隔てて向こう側の山の斜面」に目を凝《こ》らした。

でも、それらしいものは見えなかった。

いろいろねばったあと、「やっぱりないなー、しかたない、暗くなってきたし今日はもう帰ろう」と二人に告げたとき、Ｙｎくんが次のようなことを言った。

「残念ですねー。そこにも穴はあるんですけどねー」

その穴は、○×公園に接する広い道路の下の水路の穴だった。

確かに、帰ろうとするわれわれのすぐ近くにあった。もちろんＹｎくんは冗談のつもりで言ったのだが、私は、脳のなかで何かがはじけるような気がした。

「ちょっと行ってくるわー」

そう言って私はウェダー（腰までくる長靴）を履き、水路のなかに入っていった。

常識から考えると、高地だとはいえ、そんな小さな人工的な場所にコウモリがいるはずはない。特に、そのあたりにいるとしたら、（イエコウモリではない）

もしやと思い、道路の下の水路の穴に入ってみると……いた！

高地に棲む傾向のあるコウモリだ。コキクガシラコウモリとかユビナガコウモリとかモモジロコウモリといった。そんなコウモリはなおさら、広い道路わきの小さな水路にいるとはちょっと考えられない。

でも、私は何かを感じたのだ。そして、「野生生物の発見のためなら労をいとわない」という小林流を実践したかったのだ。

するとどうだろう。**いたではないか！**　水路の中央あたりの天井に、黒い塊が見え、はじめはコウモリなどとは思わなかったが、近づいてみて！

モモジロコウモリだった。

私は文句なしに感動した。

それから、私のコウモリに対する認識は少し変わった。

その出来事から一週間ほどして、私は今度は、大学

こんなところにモモジロコウモリ！

の近く、つまり標高が低い平野部の小さな水路を探索するようになった。通勤途中などの、ちょっとした時間を利用して。

種類はさておき、コウモリはああいったところも利用するようになったのだ。ああいうところも利用するんだ。

もしそれが例外的ではないことがわかれば、コウモリの生態についての新しい認識になるし、また、コウモリと人との共存の方法の大きなヒントになる。

そして、探索を始めて数日後、いかに——も、人工的！といった感じの小さな水路に入ったときだった。

向こうのほうに、小さな小さな、黒い布の切れ端のようなものがかすかに見えたのだ。

もちろんゆっくり進んでいった。

そしたら、そこには、一部コンクリートが窪んで割

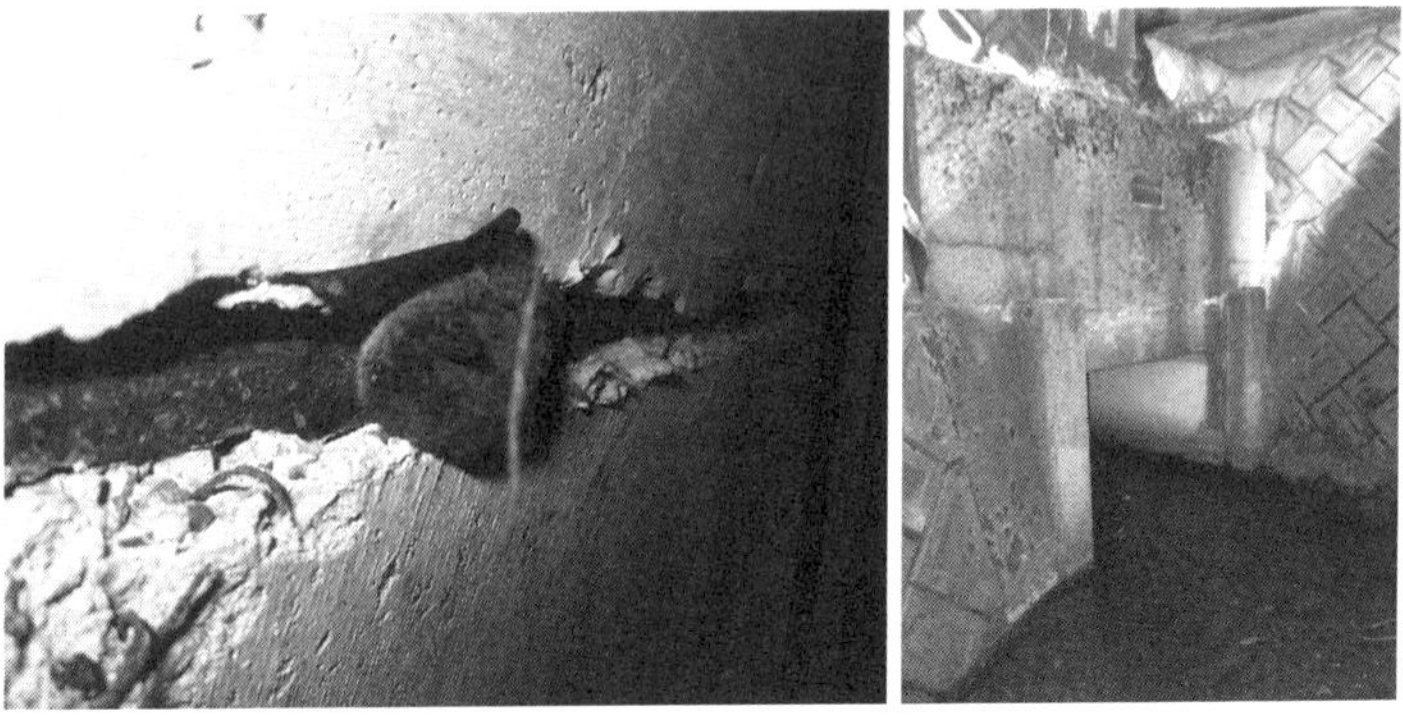

いかにも人工的な小さな水路にも、1匹のモモジロコウモリが冬眠していた

れ目ができており、その割れ目に、なんと、一匹の雄のモモジロコウモリ（！）がじっと冬眠していたのだ。

私は声に出して言った。


「あーっ、君はこんなところも利用しているのか」


ちょっと長めになってしまった。

本文とどう違うのか、と言われたら………、ちょっと調子に乗りすぎました。

でも、調子にのったら止められないのが私である。

調子に乗ったついでに………もう一つ。

その四：「まちなかキャンパス、里山生物園設置」事件

この本のサブタイトルは「鳥取環境大学の森の人間動物行動学」だが、厳密に言うと、二〇一五年から、大学名が公立鳥取環境大学に変わった。

それにともなって、というわけでもないのだが、鳥取駅前にいわゆるサテライトキャンパス

「まちなかキャンパス」ができた。地域の方々とのふれあいや、地域活性もめざした取り組みの一拠点にしようというわけだ。

私は例によって、「人と人のふれあいのなかに、〝生物〟が入ることによって、ふれあいはより豊かなものになるはずだ。第一、（私が一番）ワクワクするではないか」との思いを胸に、「まちなかキャンパス」のなかに「里山生物園」なるものを置くことを提案した。

里山生物園の設置にあたっては、もちろんいろいろな苦労があった。事務の方々や学生諸君にもいっぱい助けてもらって、なんとか、それはでき上がった。

大学で試作したときは、里山生物園の重さに愕然《がくぜん》とした。物理的な重さである。長さ一・五メートルを超える大きな水槽のなかに、野外の里山水辺から取ってきた石や土や水、植物、動物の姿を再現するのである。こりゃー重たい！と気づいた私はすぐ、水槽の台の制作をお願いしていた智頭町芦津《ちづちょうあしづ》のT・iさんに電話して言った。「すごく丈夫なものにしてください」

Ｔ・ｉさんは、立派な智頭杉の一枚板を使って、それはそれは丈夫な台をつくってくださった。美的にもすぐれている！

ただし！　丈夫であるがゆえにその運搬は大変だった。

学生に手伝ってもらって、台を引き取りに行ったときは、T・iさんがクレーン（！）で持ち上げた台をトラックの荷台に乗せた。

そしてさらにそれを、まちなかキャンパスがある駅前ビルの三階まで（！）、三階まで持って上がらなければならないのだ。

聞いた話では（私は、大学に持って帰った台を、まちなかキャンパスに運び入れる作業には、幸運にも、イヤイヤ訂正、残念ながら、講義があって立ち会えなかったのだ）、もうそれは想像を絶する作業だったと言う。事務の、特に若い人たちが驚異的な知恵と力でやり遂げてくださったのだ。

その後もいろいろな問題にぶつかった。夏の水温上昇をどうするか。変えても変えても取れない水の濁りをどうするか等々………頭を悩ませたのだ。しかし、そのたびに、考えつづけて解決していった。

水辺を再現したために宿命的に起こる、微細土粒の水中への溶出（つまり濁り）をどう防ぐか。それも水辺の自然の再現を残したままで。

これはちょっと特許ものなのでここでは言えないけれど、**私のひらめきは半端じゃなかった**

と思う。実際のところ。今も思い出すだけで手が震える（病気だろうか）。

里山生物園を見ていると、いろいろな動物の生態がわかる。たとえばトノサマガエルとツチガエルの餌の探し方だ。

トノサマガエルが植物の上空をただよう餌を探して飛びつくことが多いのに対し、ツチガエルは這うようにして地面の餌をひたむきに探す。両者の体色が違うのも（トノサマガエルは黄色や緑、ツチガエルは土色）、その習性とよく合致する。

里山生物園を訪ねてくださったお子さんや親子のために、そういった観察のほかにも、水槽のなかや、水槽の外の机で、いろいろな実験も用意した。

その実験の一つが、「トノサマガエルはどれくらいの大きさのものまで餌と判断するか」を調べるものである。

この実験で活躍するのが、キョロちゃんと名づけられたトノサマガエルである。

キョロちゃんの目の前で、19ページの写真のようなさまざまな大きさの球（石粘土でつくってあり、一番大きいので直径が三センチある）を揺らすと、キョロちゃんは、もし餌だと判断したらすごい勢いで飛びついてくる。そうなると、〝キョロちゃん釣り〟の完成となる。

鳥取駅前の「まちなかキャンパス」に置かれた「里山生物園」。水槽を置く台はTiさんに智頭杉の一枚板を使って頑丈なのをつくってもらった（上左）。
水槽のなかには、草や苔、カエル、ガムシ（中央右）、アカハライモリや魚、エビなどを入れて、水辺の自然を再現している

読者のみなさんは、どれくらいの大きさの球を、トノサマガエルは餌だと判断すると思われるだろうか。答えが知りたい方は、ぜひまちなかキャンパスを訪ねていただきたい。大歓迎する。

調子に乗って、さらに乗って、こんなに長くなった。

まー、長いということは、サービスだと思っていただければ。

さて、長い「はじめに」も最後になった。

最後に一つ、お知らせさせていただきたい。

SNSにはとても疎《うと》い私がブログを書きはじめた（管理はほかの人にやってもらっているのだが）。

ブログと言えるのかどうかよくわからない。体験したことや思ったことを写真や絵と一緒に、短い文章で書いている（目標は、「一つ一〇分程度で書く」「できるだけ毎日書く」である）。

http://koba-t.blogspot.jp/なのでお寄りいただければ幸いである。

「里山生物園」での実験。トノサマガエルは上空の餌に飛びつくことが多い。では、どのくらいの大きさのものまで餌と判断するのだろうか。トノサマガエルのキョロちゃん（❶）の前で、石粘土でつくったいろいろな大きさの球（❷）を、竹ひごを竿がわりにして揺らしてみた（❸）。❹は球に飛びついて釣られたキョロちゃん

本書、みなさんに命名していただいた「先生！シリーズ」も九回を迎えることになった。

今回の執筆中には、今までになく、険しい山あり谷あり、そして、あるときはどうしようもなく暗く、あるときはどうしようもなく興味深い洞窟があった。

例によって、築地書館の橋本ひとみさんには丁寧で素敵な構成の本に仕上げていただいた。

読んでくださってありがとう！

二〇一五年三月三日

小林朋道

◆目次

本書の登場動(人)物たち

マンガンの採掘坑道に棲む
コウモリたち

えっ、アナグマと同居!?

最近、私は、学生と一緒に、洞穴性コウモリの棲む〝穴場〟（自然の洞窟や廃坑になった鉱山、水路を覆うコンクリートのトンネルなど）に行く機会が増えた。ほんとうは違うのだけれど、気持ちはもう、いっぱしのコウモリの専門家である。

コウモリの魅力はいっぱいあるが、強いて言えば、「あんなに小さくてけなげな哺乳《ほにゅう》類はめずらしく、もちろん飛ぶことも含め、体全体を全力で動かし、命の鼓動を圧倒的に、かつ愛《いと》おしく伝えてくれる動物もめずらしい」。

もう一つ付け加えるとすれば、「コウモリほど、〝生物の進化的な適応〟を見事に体現した哺乳類は少ない。そのすばらしい進化的適応性を、多くの人間に気味悪がられているほどに、すばらしくきわめた形質を備えている」。

私は、ほかの動物と同様に、そんなコウモリに魅了されている。そして、これからお話しする内容は、私がコウモリに夢中になりはじめるまでの状況の一つを、いつもどおりの、人畜無害の余談もまじえて書きつづったものである。

一人でも多くの方に、コウモリに、思いやりのこもった関心をもっていただければと切に願っている。

マンガンの採掘坑道に棲むコウモリたち

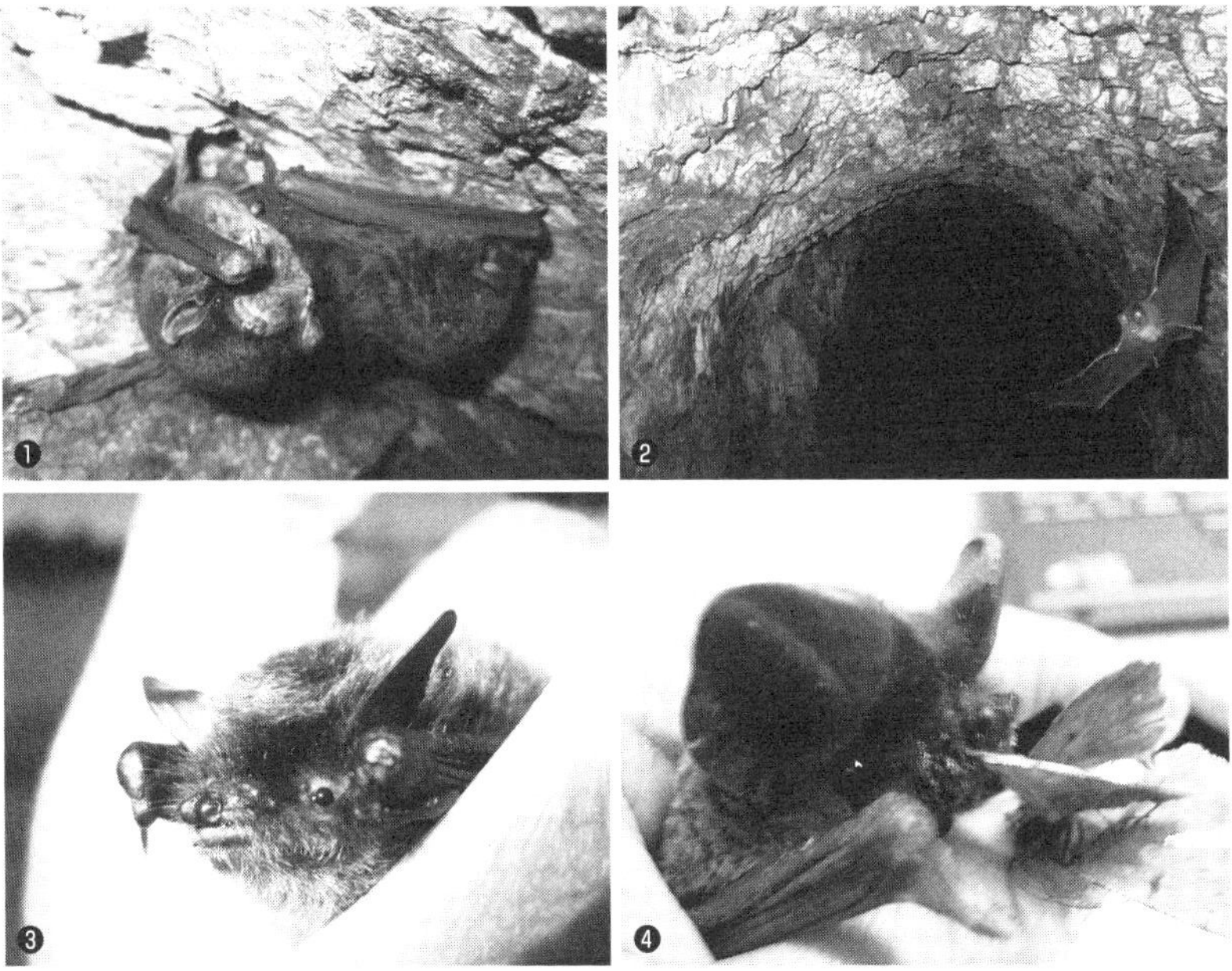

私は最近コウモリたちに魅了されている。魅力はたくさんある。
❶モモジロコウモリ（右）と並んで冬眠しているユビナガコウモリ
❷洞窟内を巧みに飛ぶキクガシラコウモリ
❸つぶらな瞳でこっちを見るモモジロコウモリ
❹蛾を食べようとしているオヒキコウモリ

＊　＊　＊

九年前、私は、鳥取県ではじめての発見となる、オヒキコウモリという大型のコウモリと、なんと大学の教育・研究棟（以下、研究棟）の廊下で出くわした（正確に言うと、第一発見者は学生のIくんで、Iくんが見つけて私に知らせてくれたのだ）。けっして誰かが研究に使っていたわけではない。コウモリのほうから、あっぱれにも、自ら、研究してくださいと（んなわけはない）建物のなかへ入ってきたのだ。どのようにして入ってきたのかは未だに不明である。それまでに研究棟に入ってきた最も大きな動物は（ヒトとヤギをのぞくと）、ヤモリであった。記録は大きく更新されたわけだ。

ちなみにオヒキコウモリは日本全体でも、繁殖地が数カ所しか知られていない希少種だ。

その出来事の前から、コウモリとは時々ご縁があった。たいていはアブラコウモリだった。学生が、何かの事故で地面に落ちた幼獣や成獣を拾って持って来ることが多かったのだ。でも、オヒキコウモリとの出合いがあってから、コウモリとのご縁はより深くなったような気がする。それもいろいろと種類の違ったコウモリたちとのご縁が。

ご縁の一つは、大学から車で二〇分ほど山側に走った場所で見つけた「洞窟のなかのコウモリ」である。岩がむき出しになった山の斜面に大きな穴が三つ開いていて、私としては、それはもう、**行ってみるしかないだろう。**

同乗していた大学院生のFgくんとその〝三つ穴洞窟〟をめざして小道を歩き、少し登って入り口にたどり着いた。

最初に驚いたことは、洞窟の地面の一方の端は、下に向かって急角度で落ちこんでおり、そこには、澄みきった水がたまっていたのだ。(かなり)大げさに言えば〝地底湖〟である。その地底湖が浅くなる、洞窟の入り口付近に、なんとアカハライモリがいたのである。

そのころ平地の河川敷でアカハライモリを一生懸命調べていた私は、それがアカハライモリであることはすぐわかった。でも背中が妙に白く見え、「これは**洞窟のみに生息する変種のアカハライモリ**(セジロアカハライモリみたいな)かもしれない」と、ちょっと胸が高鳴った。急いで、車からたも網を持ってきて、鮮やかな網さばきで水中を一かきすると、一匹のイモリが網の底でもがいていた。そのイモリは光の下で見ても確かに背中が、通常のアカハライモリよりかなり白かった。そしてなにより、体が、グニャグニャと言ってもよいくらい柔らかかったのだ。私はその秘密を知りたいと思い、大学に持ち帰り飼育することにした。

しかし、そのグニャグニャさが問題だったのか、セジロアカハライモリは数年で死んでしまったのだった（アカハライモリは基本的にとても丈夫で、それまで私が飼っていて死亡した個体は一匹もいなかった）。**生物学上、大変な失態かもしれない。**洞窟にちょっと変わったアカハライモリがいたなんて、ちょっとしたニュースである。それ以来、私はその洞窟に行くたびに〝地底湖〟にイモリを探すのだけれど一度も会っていない。

ちなみに、でも、その後、その〝地底湖〟でなんと、今度は私がそれまで見たこともない外見の**大きなカエルと出合った。**それは、〝地底湖〟の一番奥だった。外には深い雪が積もった深夜のことであった。もちろん私は、地底湖に入り、そのカエルを見事な手さばきで捕らえた。捕らえたのだが、カエルを地面の高台に運んだ直後、ヘッドライトが頭からはずれ、それとともに「見たこともない外見のカエル」は、なんとその場から忽然《こつぜん》と姿を消したのだった……（そのあたりのことは『先生、モモンガの風呂に入ってください！』に詳しく書いている）。

ああ、洞窟の両生類たちよ、君たちはなぜに私にしばしの喜びと過酷な絶望を与えるのか！

そう。こんな話をしている場合ではなかった。コウモリの話なのだ。

Ｆｇくんと私は、それぞれ別の穴から洞窟に入った。私が入った穴は横に大きく広がり、奥へ奥へと、少し下りながらのびていた。柱のように天井と地面とをつなぐ岩が、何本か見られた。

そんなときである。Ｆｇくんが私の近くにやって来て言ったのだ。

「コウモリがいました！」

やっぱりいたか。じつは、車の窓を通して洞窟を見たときから、コウモリがいるのではないかと思っていたのだ。

ライトで天井を照らしながらそのまま進んでいくと、奥は広い空間になっており、こちらの穴でも、その天井に数匹のコウモリが、こちらを見ながらぶら下がっているではないか。それらがキクガシラコウモリであることはすぐわかった。

大学から車で20分くらいのところにある“三つ穴洞窟”。コウモリたちが棲んでいる

キクガシラコウモリは、結構体が大きく、鼻が菊の花のような格好をしており、一度見たら忘れられない印象的なコウモリだ。私は一度、夜の山道を車で走っていて、フロントガラスにぶつかったキクガシラコウモリを保護したことがあったのだ。

やがて、天井にぶら下がっていた個体のうちの一匹が飛びはじめ、われわれの頭上をかすめて洞窟内を旋回した。**迫力があった。**うれしかった。

その次の年の冬、三つ穴洞窟へ行ったら、一〇個体ほどのコウモリたちが冬眠していた。そのコウモリたちのなかにユビナガコウモリとモモジロコウモリがいた。複数の種類のコウモリ

洞窟のなかで冬眠しているキクガシラコウモリ

が、一つの洞窟のなかで、隣り合わせで冬眠していたわけだ。翼を閉じて、天井にぶら下がるように冬眠するキクガシラコウモリと、頭を下にして、天井の壁にへばりつくようにして冬眠するユビナガコウモリとモモジロコウモリ。

時々、天井から水滴が落ちる音がする。動くことはないが、だから余計に生きる姿を感じさせる、とでも言えばよいのだろうか。ますます、コウモリにひきつけられていく私であった。

いや、すばらしい。

さて、これからお話しするコウモリとの〝ご縁〟は、三つ穴洞窟の発展版と言ってもよい。その話のなかで、「三つ穴洞窟の誕生の秘密も明らかになる！」という、シリーズものの映画の最終版みたいな内容なのだ。

私はここ数年間、三つ穴洞窟に数カ月おきに通っている。もちろん、毎回、コウモリを驚かさないように注意している。

その間、カマドウマという名の昆虫の密集した一群や、天井につくった大きな巣を守る大きなクモ、アカネズミ、イタチなど、**「へーっ、こんなところに」**と思うような、意外な生き物たちにも出合った。

一番驚いたのは、洞窟の奥の、天井でコウモリたちが休息や冬眠をする場所に、大きなヘビ（アオダイショウ）が、とぐろを巻いていたことだ（外で出合ったときにはなんでもないのに、**洞窟の暗闇で出合ったヘビは正直、怖かった**）。

以前、テレビの番組で、南アメリカの洞窟のなかを棲みかにするコウモリたちを、なかに侵入したヘビが襲うのを見たことがある。

この洞窟でも、コウモリたちはヘビにねらわれるのか、と思うと、なにかコウモリたちがかわいそうになってきた。

アオダイショウは、表面がザラザラした岩の柱の根元にいたのだが、アオダイショウなら岩の柱を登ることもできるだろう。天井近くに身を潜め、コウモリを

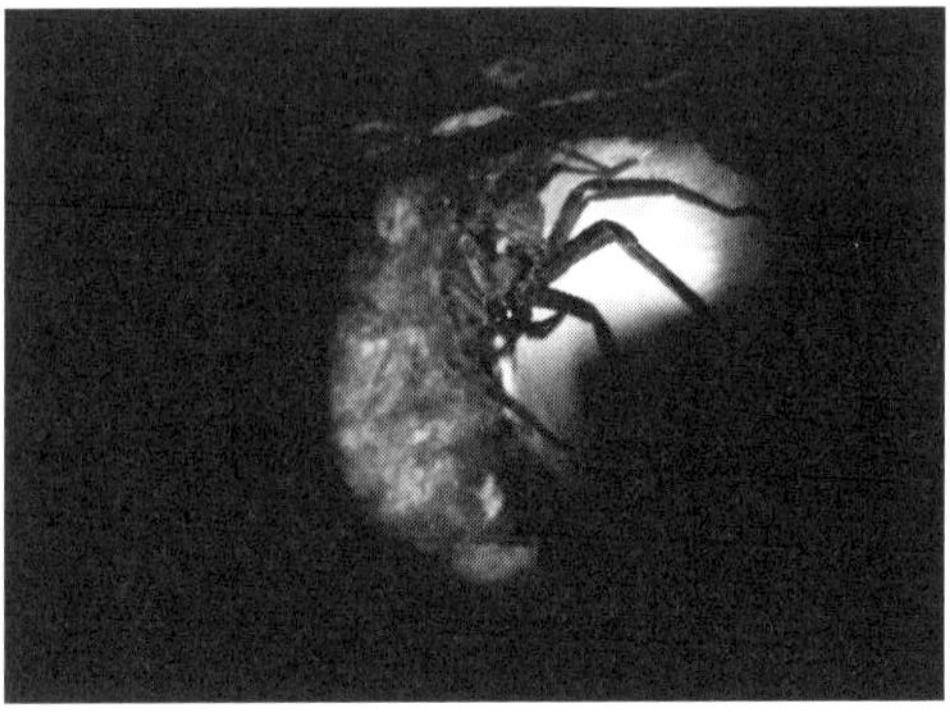

三つ穴洞窟にはいろんな生き物たちがいる。これは巣を守っているクモ

襲うのだろうか。コウモリたちはヘビに対してどんな防衛手段を進化させているのだろうか。

コウモリたちは危険と戦いながら、懸命に生きているのだろう。


さて、三つ穴洞窟に通っていて、私が気になっていたことの一つに、次のような現象があった。

毎年、冬眠するコウモリの数が違うし、種類も違うのだ。たとえば、ある年の冬にはユビナガコウモリが数匹しかいなかったのに、次の冬にはモモジロコウモリやユビナガコウモリがそれぞれ五匹くらいいた、とか、キクガシラコウモリは毎年いるけれども、年によって、一〇匹以下の年のこともあれば、数十匹のこともある。

春、夏、秋の活動期でも、日中、休息している個体

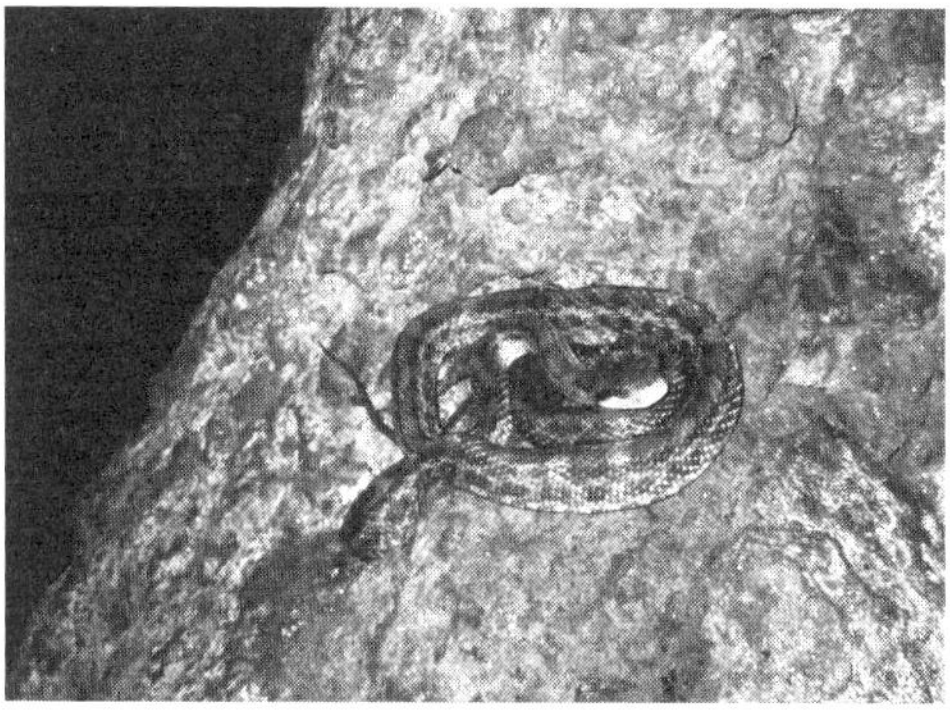

とぐろを巻いていた大きなアオダイショウ。外ではなんともないのに、洞窟の暗闇のなかでは怖かった

の数はかなり変動していた。

それはつまり、コウモリたちは、三つ穴洞窟以外の冬眠場所や休息場所を、その周辺にもっているということだろう。

そうすると、当然の成り行きとして、**「あなたたちは、いったいどこに別荘みたいな洞窟をもってるの」**と、問いたくなるというのが親心というものだ。

そればかりか、その問いは、動物学者としても知りたくなる部分である。

そして、**私の思索は続く**のだった。

だけど、こんな洞窟、どこにでもできるものではないだろう。岩の地盤でなければこんな穴はできないだろう。

そうだ。このあたりの斜面は、この洞窟のように、岩盤でできているのかもしれない。そこに、この洞窟に作用したような自然の力が働けば、コウモリたちが別荘として使いたくなるような洞窟みたいなものができるかもしれない。

もちろん、コウモリは、種類にもよるが、短期間に、数キロメートル、数十キロメートル移動する場合もあることは知っていた。しかし、一方で、比較的せまい地域内で、居場所を変えながら生活している場合が多いことも知っていた。

そしてあるとき、**私は意を決し、**三つ穴洞窟の周囲の斜面を探してみることにしたのだった。

ただし、いざ探索しはじめると、三つ穴洞窟の周囲の斜面はなかなか急勾配で、移動するのに苦労した。シカやイノシシの獣道にも何本も出合ったが（糞などでわかるのだ）、彼らも急勾配にはかなり苦労していることがうかがえた。数メートル滑って、やっと止まったことを物語る足跡がいくつも見られた。

私も何度も滑りそうになりながら、三つ穴洞窟の周辺を、だんだんと範囲を広げるようにして探したが、洞窟がありそうな場所は見つからなかった。そもそも、岩がむき出しになったところがなかなかないのだ。

たまに、三つ穴洞窟の表面と似たような大きな岩が、頭に何本も木を生やして、斜面の土の皮膚を破ってつき出しているのを発見したときは、期待に胸がふくらんだ。しかし、近寄って調べてみると、穴はなかった。

そんなことを繰り返しながら、昼食もとらず、四、五時間は探索しただろうか。私の足も、きつい斜面での移動に、**「そろそろ限界、休みたい」**と音《ね》をあげ、私は潮時を感じはじめていた。

と、そのときだった！………と、いきたいところだが、最後までコウモリたちの別荘を見つけることはできず、私は多少の未練を残しながら、下界にもどっていったのだ。

まー、この手の探索で、そんなに話がうまくいくはずはない。**フィールドワークは、基本、「成果なし」の連続だ。**

下界に降りた私は、三つ穴洞窟を背にして、石垣に座り、前を流れる川をぼんやりと見つめながら休息していた。

と、そのときだった！ 川の向こう側に見える光景に私の脳が反応した。

その光景とは、中年の、ご夫婦と思われるヒトが畑の手入れをされていたのだ。

それを見て私の脳は、こう思ったのだ。

「そうだ、地元の人なら、その地域での、三つ穴洞窟以外の洞窟の存在をご存じかもしれない。聞いてみればよいのだ」

私はすぐ橋を渡って川の岸伝いに近づき、微笑みながら挨拶した。

ご夫婦は穏やかに挨拶を返してくださり、**何か御用ですか？**といった顔で私を見られた。

さっそく私は、切り出した。

「あのー、あそこに洞窟がありますよねー。この近くにああいった洞窟は、もうないですか？」

そして返ってきた返事に私は少し驚いた。それは次のような内容だった。

「あの洞窟は、自然にできたものではなくて、昔、**マンガンを採取するために掘った穴**です。私は行ったことはないですが、道の向こうのあの山にも、もう一カ所、マンガンを取るために掘った穴があるらしいです。でも、五〇年以上も前に採掘はやめており、もう穴は埋まっていると思います。そこへ行く道ももうわからなくなっています」

と、まー、ざっとそんな返事だったのだ。

へーっ、三つ穴洞窟は、マンガンを取るために掘られた坑道だったのか。

私は、**三つ穴洞窟の出生の秘密**を知ったような気持ちになった。

「おまえは自然の力に抱かれてゆっくりと生まれたのではなく、人為的な力によってつくり出された、ちょっと悲哀もまじった過去を背負っているのか」みたいな思いになった。でも、そのあとすぐに思った。**君には兄弟（姉妹）がいるのか。**

それはいい。それは私にとっても好都合だ。よし、では私がその兄弟（姉妹）を探してあげよう。彼らもコウモリたちに棲みかを提供しているかもしれない。

そのときの私は、「………五〇年以上も前に採掘はやめており、もう穴は埋まっていると思います。そこへ行く道ももうわからなくなっています」という情報にもかかわらず、なぜか、自分なら探し出せる、という根拠のない予感みたいなものがあった。それまでの経験から、こういう状況では、自然は私に味方してくれる、という漠然とした自信のようなものがあったのだ。

かくして、私の、**失われた「三つ穴洞窟の兄弟（姉妹）」探索の旅**は始まったのだった。（やるぞ！）

その日から一〇日ほどたった日曜日とその次の週の日曜日、私は、三つ穴洞窟と道を隔てた山（そこに入る道は一本だけだった）に車で向かった。山の斜面に、兄弟（姉妹）洞窟のニオイを感じたら、車を降りて周辺を散策し、道や岩盤の跡を探した。しかし、兄弟（姉妹）は、手がかりさえまったく与えてくれなかった。これはやっぱり無理だ。

かくして、私の、失われた「三つ穴洞窟の兄弟（姉妹）」探索の旅は**終わりを告げた**のだった……。

それで終わり？

「自分なら探し出せる」「自然は私に味方してくれる」という自信はどうしたの？

と読者の方は聞かれるかもしれない。

確かに私も同感だ。でも、私くらいになると、押すばかりが能ではないことを知っている。私くらいになると、自然との間合いを知っているのだ。

つまり、一度、距離をおくことによって、今度は自然のほうから私に近寄ってきてくれることもある。そういうことだ。

その証拠に、それから数カ月ほどして、事は進みはじめた。

大学の事務の次長をされていたKさんと話をしていたときのことである。

Kさんの知り合いの、「仙人さん」（Kさんが親しみをこめてそう呼んでいた）のことが話題になった。

「仙人さん」は、六〇代後半くらいの、高齢とは思えない活動的な人だった。過疎化、高齢化しつつある地域をなんとかしようと、山にはびこる竹の有効利用などを学生と一緒に試みたり、山の麓に、学生や地域の人たちが利用できるログハウスを立てたり……、そんな活動のなかで、私も何度か会ったことがあった。

そして、**そのとき、はっと思った**のだった。

「仙人さんの活動場所は、ちょうど、三つ穴洞窟の兄弟（姉妹）洞窟があるはずの山のあたりではないか！」と。

「仙人さんは、山のことにも詳しいはずだ。そして、もし、ずっとあの地域で暮らしておられるとしたら、三つ穴洞窟の兄弟（姉妹）洞窟についても知っておられるかもしれない」と。

私はそのことをKさんに話し、仙人さんに連絡が取れないかと言ってみた。するとKさんは、すぐにその場で、仙人さんに電話をしてくださり、私は仙人さんと話すことができたのだ。

すると、なんと仙人さんは、三つ穴洞窟の兄弟（姉妹）のことをよく知っている、と言われたのだ。さらに、自分よりずっと三つ穴洞窟の兄弟（姉妹）に詳しい人（その地域の区長さん）を知っているから、その人を紹介しましょう、と言ってくださったのだ。


これはすごい！


さっそくその場で、区長さんに連絡してもらい、区長さんと仙人さんと私が会う日が決まったのだった。

三つ穴洞窟の兄弟（姉妹）がぐっと近くなったわけだ。


それから何日かして、私は、区長さんと仙人さんと、先にお話ししたログハウスで会った。区長さんは八八歳という高齢の方だったが、ログハウスのなかにつくられていた囲炉裏を囲んで、失われた「三つ穴洞窟の兄弟（姉妹）」、つまり鉱山の歴史を、詳しく話してくださった。

区長さん自身が子どものころ、マンガンを含んだ鉱石を採掘場から麓へ運んだということだった。

「三つ穴洞窟より、兄弟（姉妹）たちのほうが、質のよい鉱石が取れた」という話や、「大きな事故はなかったがちょっとした事故は時々発生した」という話、「最初のころは、地域の外からも働き手がやって来てにぎわっていたが、やがて、技術を取り入れた県外の大規模な採掘場が勢いを増し、三つ穴洞窟や兄弟（姉妹）洞窟での採掘は廃《すた》れていった」といった話など、さまざまな話を私はじっと聞いていた。

話はとても面白かった。面白かった、というか、そこにさまざまな人たちの懸命な生活や人生を感じ、それに彩られた三つ穴洞窟や兄弟（姉妹）洞窟の歴史を思ったのだった。

そして今、その洞窟に、少なくとも三つ穴洞窟に、コウモリたちが棲んでいる。

これもまた、〝**時を隔てて、人と動物の人生が交差する**、人と動物との関係なのだ〟という思いがわいてきた。

さて、話のあとは、「では、案内しましょう」ということになった。

待ってました！

仙人さんと区長さんが、颯爽《さっそう》と軽トラに乗りこみ先導してくれた。

山道をくねくね曲がりながら（それらの道は、私も日曜日に通った道だった）、標高を上げていく。私は、期待に胸をふくらませながらついていく。

そして、しばらく走ったあと、軽トラは道の左側にゆっくりと止まった。

仙人さんと区長さんが車から降りて、私のほうを向いて何か言っている。そこが、車で行ける限界らしい。

そこから見える斜面には、特に鉱山らしき気配はまったくない。右手の自然林と左手のスギ林とが出合う境界のようなところだ。結構な急勾配だ。

区長さんが言われた。

「この斜面のずっと上です。もう長い間、行ったことがないのでどうなっているかはわかりません。一緒に行ってあげたいのですが、私らにはもう登れません。すいませんが先生、行ってみてください」

〝すいませんが〟？

〝すいません〟ことなど、けっしてないですよ。ここまでわかれば、もう十分です。私はお二人に深く深くお礼を言って、（おそらく**解き放たれた猟犬のように**）勢いよく斜面へと飛び出した。

そして、その瞬間、**私は足元に鉱山の気配を感じる**ことになる。

スギやコナラやツバキなどの落ち葉に隠れて見えなかったのだが、その斜面は砂利でできていたのだ。もちろん、砂利と言っても、河原にある角《かど》が取れて丸くなった小石の砂利ではない。岩から割れた直後の、鋭角のエッジをもつ小石である。おそらく、採掘で出た石が、ここまでずり落ちてきたのだろう。つまり、この上に採掘場があるということだ。

問題は、穴がまだ埋まらずに残っているかどうかだ。

最初は正面から、砂利の本道を登ろうとしたがずるずると滑るので、右の木が生えているところを登ることにした。

斜面が急なので、真っ向から登ると息

車はここまでしか入れない。ここからは私一人で行かなくてはならない。結構な急勾配の山道だ

が切れた。そこで、ジグザグの進路をとって少しずつ高度をかせいでいった。

あえぎつつ歩いていると、気分も少々弱気になり、**いろいろな不安が頭をよぎった。**たとえば、私は、採掘場跡の入り口がどんなふうになっているのか、まったく知らないことに気づいた。どう考えても、三つ穴洞窟のような、ぱりっ！とした入り口ではないことは確かだ。三つ穴洞窟は、地形的な構造上、採掘時とまったく変わらぬ状態が保たれていたが、兄弟（姉妹）はそうはいかないだろう。土や砂利が五〇年もの間降り注ぎ、区長さんの言葉では、「埋まってしまっているでしょう」……だ。そしてそもそも、もとの状態さえも私は知らないのだ。けっして、「はいっ！　いらっしゃいいらっしゃい、ここが入り口ですよ」みたいに私を迎えてくれたりはしないだろう。

でも私は、五〇年たっていても、人が手を加えた場所は、きっとわかるはずだ。きっとなんらかの痕跡に気がつくはずだ、と信じて、周囲を目を皿のようにして見渡しながら歩きつづけた。

はたして、三〇分ほど登ったところで、明らかに、人の手が加わったと思われる地形の変化が、見上げた前方に現われたのだ。

それは、下方から見上げると、斜面に水平にのびた地面の盛り上がりのように見え、近づいてみると、それは、斜面を削ってつくられた、幅二メートルほどの〝道〟であることがわかった。その道に立ってみると、大分、落石や倒木などで埋まってはいるものの、水平部分はしっかりと残っており、それが私の前側へ、ずっとのびているのである。

これは、きっと、採掘された鉱石の運搬などで使われた通路であり、これをたどっていけば坑道の入り口、つまり三つ穴洞窟の兄弟（姉妹）に会えるにちがいない。

私はがぜん元気になり、まだ見ぬ兄弟（姉妹）をめざして道を進んだのである。

途中、それで煮物をしていたのか、採掘に使ったのか、縁《ふち》が欠けた鉄の鍋が落ちていたり、「マンガン鉱採掘場」とでも書かれた看板の礎《いしずえ》にでもなっていたような、鉄棒がつき出た直方体のコンクリート（もちろん苔むしている）が残っていたり、**人の気配がむんむんしてきた。**

そして、いよいよ最初の、〝坑道の入り口だった場所〟を見つけた。近くに寄るまでわからなかったが、明らかに斜面に穴を開けようとした人の行為が読みとれた！

でもその光景は、一方で、**私の元気を奪いとる**ようなものだった。というのは、〝坑道の入り口だった場所〟は、すでに入り口は土や砂利で埋まり、たとえるとしたら、アリジゴクのすり鉢の状態だったのだ。昔は、すり鉢の底の中心部に、穴が開口して、そこからなかの坑道へとつながっていたのだろうが、今はもう、開口部が埋もれてしまっていたのだ。

でも**すぐに私は気持ちを切り替えた。**なにしろ、〝坑道の入り口だった場所〟は見つかったのだ。大きな前進だ。そして区長さんの話だと、穴はいくつも掘られていたということだ。だったら、入り口がなんとか開いている穴も見つかるかもしれない。私は周辺を探しはじめた。

人の目とは不思議なもので、一つ見つかると、そのあとは、遠くからでも採掘跡がわかるようになった。脳が、その特徴を素早く抽出して、視覚野に刻みつけるのだろう。一昔前の心理学で言われていた「ゲシュタルト認知」である。

そんな調子で、その後、斜面を探しつづけて、周辺で四つほど採掘跡を見つけることができた。でもそれらはすべて〝坑道の入り口だった場所〟だった。

そろそろ潮時だった。

いいところまでいったが残念だった。まー、こんなことの繰り返しだよ。そのうち、成功することもあるさ。

そして私は、いろいろな思いを抱えながら、斜面を下りはじめた。

と、そのときだった。

自然林に入った私のすぐ頭上で、キツツキが木をたたくのを聞いた。その音は、手が届きそ

30分ほど登ったあたりで、明らかに人の手が加わったと思われる地形が現われた。斜面を削ってつくられた道（❶）、鉄の棒がつき出した直方体のコンクリート（❷）。坑道の入り口だった場所（❸❹）を発見したが、土や砂利で埋まっていた

うなくらい近くから聞こえたような気がした。見上げると、確かに、すぐ近くの枯れた大木の幹に**アカゲラがとまって、幹をつついていた**のだ。木のなかの甲虫の幼虫などを捕るためや、仲間とコミュニケーションをとるために行なわれるドラミングというやつだ。

私は、アカゲラに目を見張った。

ちょうどそのころ、ニホンモモンガを調べている森で、アカゲラを見つけようと苦労していたからだ。

余談になるが、ニホンモモンガは、アカゲラなどが開けた繁殖用の樹洞のお古を、巣として利用する。そして、モモンガの森でスギ林の手入れをされている地元の人たちのなかには、アカゲラを見たことがあると言われる人もいた。だからおそらく、ニホンモモンガの生息に適する条件として「アカゲラが棲む」ことがあげられるのだと思う。だとしたら、ニホンモモンガについて理解を深めるためには、アカゲラを調べなければならない、と私は思ったのである。

しかし、そう思いはじめてから二、三年が経過するが、私は、モモンガの森で、アカゲラに出合っていないのだ。アカゲラに注目して歩きまわったこともあるが、まだ目にしたことがなかった。そんなときに、埋もれた〝三つ穴洞窟の兄弟（姉妹）洞窟〟の森で、アカゲラに出合ったというわけだ。

しかもこのアカゲラ、奇妙なことに私がじーっと見ている間じゅう、場所を変えることなく、ずーっと、その木にとどまっているのだ。私に、**「よく見ておきなさい」**とでも言うかのように。

やがて私は、そのアカゲラを写真に収めたくなって、腰のポシェットからカメラを取り出し、アカゲラに向けた。ところが、フレームのなかにアカゲラを入れたとたん、アカゲラは飛んでいったのだ。

あー、面白かった。アカゲラの動作がたっぷり見られてよかった。

私は、最後に小さな贈り物をもらったような気になって、あらためて斜面を下りはじめた。

ところが、である。**飛び去ったアカゲラは、すぐ近くの木にとまって、ドラミングを始めた**のである。もとの木から数メートルしか離れていない木の幹だ。

そうなると、もう一度、撮影を試みたくなるというのが人情というものだ。

私はゆっくり近づいていって、またカメラを向けた。今度は、一度目より、アカゲラは遠くにいてフレームのなかでは小さくなったが、すぐに飛び去ることはなかった。私はフレーム内のレイアウトを考え、「よしシャッターを押そう！」としたとき、一瞬の差でアカゲラはフレーム内から姿を消した。そしてまた、**遠くへ飛び去るのではなく、近くの木にとまってドラミングを始めた**のだ。

さて、私は、少々こだわりを感じるようになっていた。最初はささやかに、そしてだんだんと増幅していった。

遠く飛び去ってくれればよいものを、小刻みに距離を重ねて、アカゲラは結局、四回、私の試みを、もう一歩のところで失敗させたのだ。

そして、五回目でやっと撮ったのが下の写真である。

笑ってはいけない。温かく鑑賞してあげるのが人のやさしさというものだ。

撮った。一応は撮った。

自分にそう言い聞かせて、**今度こそ帰るぞ!**

アカゲラ発見。シャッターを押そうとすると飛び去ってそばの木にとまる、を繰り返し、5回目にしてようやく撮影

と固い決意で向きを変えたときである。目の先の見慣れない木（単に私が知らなかっただけのことだが）の根元に、なんと〝坑道の入り口であろう場所〟があるではないか。**いや、驚いた。**あるではないか。

息をのんだ、と言っても過言ではない（イヤ、チョットイイスギマシタ）。

穴の周囲の状況から考えて、この穴は明らかに、岩面に人が掘ったものだ。私はゆっくりとゆっくりと、噛みしめるようにしてそのなかに入っていった。いったい、どんな光景が展開しているのか。そして、そのなかで**私が目撃したものは！**

ところで、あとで私は、自分の行動を静かに

帰ろうと思って向きを変えたとき……目の前の木の根元に坑道の入り口と思われる穴があった

振り返り、次のようなことを思った。

ミツオシエという鳥は、クマなど哺乳類の頭上をかすめて飛び、自分を追わせ、ミツバチの巣まで導く。あとは、その哺乳類が巣を襲い、巣をばらばらにして蜜を食べたあと、そのおこぼれにあずかるのだ。ミツオシエはキツツキ目《もく》だ（もちろんそれくらいのことは、常日ごろから知っていた）。そして私はクマのように、アカゲラに導かれたようなものではないか。蜂蜜のような利益を導き手に提供することはなかったが。


さて、穴のなかの話だ。

なかは、まずは大きく広がり、それから先へ行くにつれて急速にせばまっていき、五、六メ

穴は大きく広がり、先に行くにつれて急速にせばまり、5、6m先で終わっていた

ートルほど前方で終わっていた。

ちょっと期待はずれ、と言ったら坑道に失礼だろうか。

おそらくこの坑道は、なんらかの理由で採掘が見合わされたのだろう。岩の質のせいか……それくらいしか思い浮かばない……。

とにかく、そういうことだ。

しかし、である。その坑道の地面などを慎重に探索する研究者は、ついに、ついに、ついに、〝三つ穴洞窟の兄弟（姉妹）洞窟〟とコウモリとのつながりの**動かぬ証拠を見出すのだった。**

地面には、コウモリの糞が、それも比較的新しい糞が落ちていたのだ！　夜の森で蛾などの昆虫を食べたコウモリが、この坑道（のできかけ）の天井にぶら下がって、休息し、糞をした

地面には比較的新しいコウモリの糞が落ちていた。ついに“三つ穴洞窟の兄弟（姉妹）洞窟”とコウモリのつながりを示す証拠を発見！

のだ。

　これこそが、もう数カ月も前に、私が想像し、調べはじめた、〝コウモリをめぐる地域のナチュラルヒストリー〟だったのだ。**それは実際に、あったのだ。**

　では、それからどうなったか？

　それからの出来事もまた、思い出すと**うれしくなる展開**だった。

　埋まっていない入り口を一度目にした私は、そこからまた方向を変え、来るときに通った〝道〟へと向かった。

　これが入り口だとしたら、〝道〟の周囲にもあったような気がしたのだ。あまりにも小さいから、脳が反応しなかっただけで、こういった〝入り口〟はあったかもしれない、と思ったか

新しい目で見ると、斜面の上のほうに、坑道の入り口らしきものがぽつんぽつんと見えはじめた

らだ。

そしたらどうだろう。

道から見える斜面の上のほうに、〝入り口〟らしきものが、ぽつん、ぽつんと見えるではないか。普通に通ったら見過ごしてしまうような、かすかな〝入り口〟である。

私はその場に駆け上がり、時には埋まった土や砂利を掘り起こし、〝入り口〟を発見していったのだった。

そして、アカゲラのおかげで開かれた新しい目で、二番目くらいに発見した穴のなかで、今度は、まさにコウモリ本体に出合ったのだった。

その坑道は、せまい入り口からは想像できないくらい内部が広くなり、四角でまっすぐな空間がずっと向こうまで続いていた。ひんやりと

この坑道は、入り口からは想像できないくらい内部が広く、四角い空間が続いていた

した空気がただよい、ライトでは奥の壁は見えなかった。

へーっ、すごいなー、と思いながら腰をかがめて進んでいくと、地面一帯に降り積もったコウモリの糞の絨毯《じゅうたん》にぶつかり……**と、そのときである。**頭上に、ばたばたという音や風を感じ、顔を上げるとコウモリたちが飛んでいた。

そのときの私の気持ち、読者のみなさんにわかっていただけるだろうか。

そんなときは、日々の生活の悩みはすっかり頭からどこかへいってしまう。「頭のなかには、うれしさの霧のなかを、ただただコウモリだけが飛んでいる」と言えばいいのだろうか。

いてくれてありがとう！

私は、心からコウモリ（キクガシラコウモリ

腰をかがめて進んでいくと、地面にはコウモリの糞が絨毯のように降り積もり、頭上でコウモリたちが飛んでいた

だ）に叫ぶのであった。

それから、しばらくして、さらに、奥へ奥へと進んだ。よくわからないけど、惰性でそうなるのだ。

もう数十メートル進んだだろうか。奥では、通路が細くなり、二つに分かれていた。

坑夫の人たちは、こんなところを入っていったのだろうか。大変だっただろうな。そんな思いがわいてきた。すると、やっと我に返ったような気分になり、引き返すことにした。誰一人として私がここにいることは知らない。携帯電話の電波も届かない場所である。落盤でもあったら大変だ。

外に出ると、あらためてコウモリたちに感謝の気持ちがわいてきた。**こんなに充実した体験**

さらに奥に進むと、通路が細くなり、2つに分かれていた

をありがとう、である。

ちなみに、なかにコウモリたちがいるということは、コウモリたちは、このせまい入り口を通過して出入りしていることになる。すごい認知と飛行の能力だ。あらためて感じ入った。

さて、とりあえずはもういいだろう。もうほんとうに**今日の旅は終わりだ。**今度こそ、ほんとうに帰ろう。

そう思って、今度は〝坑道の入り口であろう場所〟を探すことなく、斜面を下りはじめた。ところが、途中、**またまた事件が起きた**のだ。

登りのときには避けた斜面の中央を、砂利の上に乗って滑るようにしながら下りていったのだが、その途中で、スギやコナラなどの木の間に、巨大な岩が忽然と現われた。

斜面の中央を下っていくと、木の間に巨大な岩が忽然と現われた。その前面には坑道の入り口だろうと思われる穴が開いていた。入ってみるしかない！

後ろ三面が、土のなかに埋まったような格好で、前面が、圧倒的な迫力で私の前に現われたのだ。そしてこともあろうに、その前面には坑道への入り口と思われる大きな穴が開いていたのだ。

その日はもう、かなり充実した体験に恵まれていた私だったが、**新しい発見への渇望が満杯になることはけっしてない。**目前に現われた巨大岩に開いた入り口を見た私は、自分のなかの**野性がまた燃え上がる**のを感じた。

斜面を下方斜めに移動しながら、その入り口に到達し、その岩場に足をかけた。するとどうだろう。その岩から五、六メートル下った斜面に、今度は地下へと向かって落ちこむ、大きな穴があるではないか。

アリジゴクのすり鉢の中心に開いた穴（右）。きれいに削られた内面が下へとのびていた（左は真上から見たところ）。10mはあるだろう。近いうちに下に下りるときのために底までの距離を測った

あー、三つ穴洞窟よ、君にはこんなすごくてすばらしい兄弟（姉妹）もいたのか。

〝三つ穴洞窟の兄弟（姉妹）洞窟〟の広さと奥深さに、人びとの活動に思いも馳《は》せながら、いまさらながら感じ入る私であった。そのときの気持ちは、確かに今も覚えている。

さて、動きづめでそれなりに疲れていたが、体に精気がみなぎり、私は上の坑道から調べはじめた。これはもうコウモリの存在は堅いだろう。どんなコウモリとの出合いが待っているのか。

でも、**その期待は実現しなかった。**なかにコウモリはいなかったのだ。なかでは、縦長の坑道が上下左右しながら前方へと続き、先へ進むにつれて幅がせばまり、やがて人の体の幅よりせまくなっていた。

一方、多くのコウモリたちがその坑道を使っていることは確かだった。坑道の地面には、たくさんの糞がたまっていた。

今度来たときにはいてくれよな、と心のなかでコウモリたちに呼びかけながら、次に私は、巨大岩から五、六メートル下った斜面の穴へと移動した。

アリジゴクのすり鉢の中心に開いた穴は、一・五×四メートルくらいの大きさで、きれいに削られた内面が下方へとのびていた。ライトで照らすと底がおぼろげながらに見えた。底まで一〇メートル以上はある感じだった。

ちなみに、ここへ落ちたら、幸運にも骨折はしなかったとしても、自力で穴から出てくることは、まず、できないだろう。**……ちょっと怖くなった。**

ライトで見えた下の様子から、底には横へのびる坑道があるようだった。おそらく、その垂直な穴は、下で掘った鉱石を、上へと引き上げるための通路ではないか、と、もう坑道の専門家になったような気分の私は推察した。

次に私が行なったのは、近いうちに、下に下りていくときのために（下りることは、もう、確実だ。それを**思いとどまるようなことなど、とうてい私にはできない**）、底までの距離を測っておくことだった。

ザックから紐を取り出し、先に石をくくりつけ、穴の下へと下ろしていったのだ。

そのときだった。下ろしていった紐や石に反応したのか、穴の下のほうに、コウモリたちが姿を現わしたのである。右から左へ、左から右へと行き交う姿が見えたのだ。

「やはり、いたか！」

私はとてもうれしかった。〝三つ穴洞窟の兄弟（姉妹）洞窟〟の存在に加え、そこが多数のコウモリたちの生息地になっていることが決定的になったからだ。

コウモリたちは、私の眼下五メートルほどのところを飛び交った。大きさや翼の状況からしてキクガシラコウモリだろう。

その光景は、私にいくつかの場面を想起させた。

船底ののぞき窓から、船の下をゆっくりと泳ぐエイの姿を見るような、あるいは、渓谷にかかる橋から、その下をゆったりと飛ぶ大きな鳥を見るような、そんな独特の感覚だったのだ。

その日はそれで終わった。

興奮冷めやらぬ心地よい熱を感じつつ、あの〝すり鉢〟坑道にどうやって下りていくかを考えながら、砂利に覆われた傾斜を、なかば滑るように下っていった。

さて、それから約一カ月後、私は、あるものをたずさえて、〝すり鉢〟坑道にもどってきた。〝あるもの〟とは、………「縄ばしご」だった。**一カ月の間、考えぬいて決めた**ものだった。縄ばしごと補助用のロープを持って、私は、わくわくしながら斜面を登ったのだ。二年生のSgくんも一緒だった。

Sgくんを誘ったのは、「縄ばしごで下に下りられても、何かのアクシデントで、私が地下からもどれなくなり、一人静かに白骨になる」のを防ぐためである。それと、もちろん、「私の地下探検のあと、役割を交替して、Ｓｇくんに（きっとすばらしいにちがいない）地下坑道のなかを見せてあげたい」という気持ちがあったからだ。

巨大岩と、その前に垂直に落ちこむ穴を見て、Ｓｇくんも、「これはすごいですね」と驚いていた（**そうだろう、すごいだろう。**私が掘ったわけじゃあないけれど）。

私はさっそく、用意周到な計画にそって、垂直坑道穴のまわりに立っている丈夫なスギの木にロープを巻きつけ、そのロープと縄ばしごとを結びつけた。そして、縄ばしごを穴に投げ入れた。縄ばしごは勢いよく、**漆黒の闇の地下へと落ちていった。**

ライトで照らすと、縄ばしごの端が地下にちょうど届くくらいの状態で、きれいに収まっていた。計画どおりだ（ほんとうは偶然だけれど）。

よし、用意は整った。降下だ。

Ｓｇくんに、「下はどうなっているかわからない。もし私がいつまでたってももどって来なかったら、里へ下りて救援を頼んでね」と言って、縄ばしごに足をかけた。

思ったよりロープがのびて縄ばしごも揺れた。

ヘッドライトで下を照らしながら、私は一歩一歩、コウモリたちの棲む（と予想した）世界へと下りていったのだ。

最後、縄ばしごから足をはずし、地面に足をつける瞬間は、ちょっと緊張した。そして、ライトで周囲を照らしたときは、**かなり感動した。**

なかでは、下り立った場所から、斜め上方と斜め下方に向かって坑道が掘られており、特に、上方へとのびる坑道は、天井が高く、岩には白い地衣類のようなものが点在していた。

その光景は、大いなる芸術家による大壁画でも見たときのようで（大げさではなく）、「すごい」と声が出た。

真上を見上げると、小さな光の穴が真っ黒な上空に開いており、その穴のなかで緑の木の葉が揺れていた。

私は、上方へとのびる坑道を最初に調べるこ

1カ月後、縄ばしごを持って再訪。いよいよ坑道の穴に下りるときがきた

とにした。

ライトで照らし出された前方の坑道の構造には、また驚かされた。両側や地面に、人一人が、かがんでやっと入れるくらいの穴がいくつか開いており、本道は、高い天井を保ちながら、幾分上昇しながらまっすぐ前方へとのびていた。

地面の穴（縦穴だろう）に落ちないように気をつけながら進んでいくと、ほどなくコウモリたちの強烈な気配に迎えられた。やはり**コウモリはいたのだ。それもタクサン！**

高音で鳴く声、幾匹かのコウモリが天井から飛び立つ羽音、私は大きなコロニーの真下にいたのだ。一〇〇匹以上はいただろう。頭上から、大きなざわめきが私をめがけて降ってきた。すべてキクガシラコウモリだった。地面には、コ

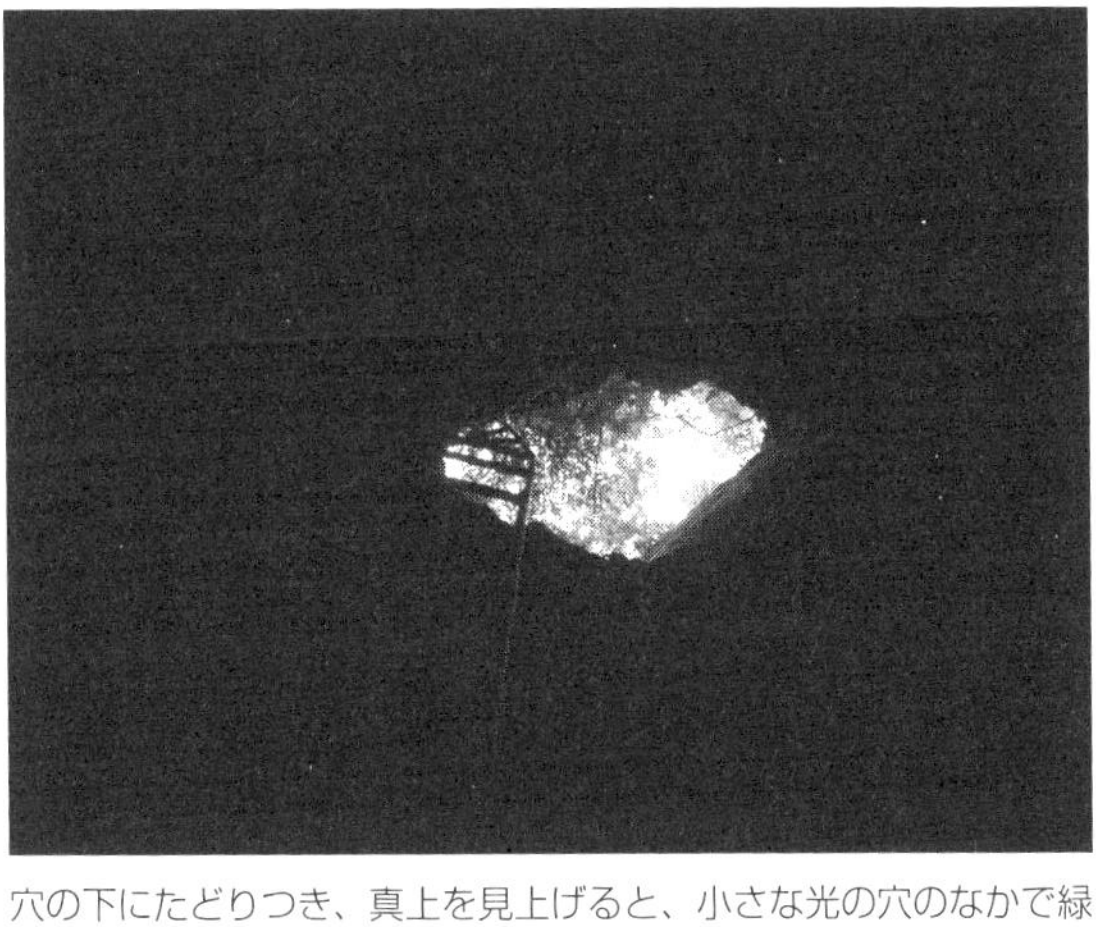

穴の下にたどりつき、真上を見上げると、小さな光の穴のなかで緑の木の葉が揺れていた

ウモリたち糞の山（グアノと呼ぶ）が降り積もっていた。

やがて、私の頭や顔のすぐそばを、何匹かの**コウモリがかすめるようにして飛び交った。**

私は、しばらくの間、動物たちに囲まれた**幸せにしびれていた。**コウモリたち一匹一匹に言葉をかけたいような気持ちで立っていた。

「驚かせてちょっとゴメンよ」

「怪しいもんじゃあないからよ（やっぱりちょっと怪しいか）」

「君たちが暮らしている洞窟と餌場にしている豊かな森を守りたいと思ってるんだよ」

「君たちの生活が知りたいんだよ」

「ほんと、感動的だね、君たちの姿は」………。

地面の穴に落ちないように進んでいくと、コウモリたちが頭上を飛び交っていた。100匹以上はいただろう。キクガシラコウモリだ

本道は、幾本かの横穴や縦穴を生やしながら先へ先へと続いていた。

あまりコウモリたちを驚かすのはよくないから、彼らの生息状態や坑道の先の様子を確認して、私は後退を始めた。それにしても、そそり立つ両側の壁と、そこをとびっきりの飛行術で行き交うコウモリたちは、圧巻だった。**何度も心が熱くなった。**

やがて、縄ばしごを下ろした場所までもどってきた。もうコウモリたちの姿はまばらにしか見えなかった。あとは縄ばしごをのぼって、地上の世界へもどるだけだった。

でもその前に、もう一つ、どうしてもやっておきたいことがあった。

それは、コウモリたちの大群と交流した坑道と逆の方向、つまり、〝縄ばしごを下ろした場所〟から下方へとのびた坑道の探索である。

下方へとのびた坑道（下方坑道）は、コウモリの大群の場所とはまた**一味違った興味を駆り立てる姿**を見せていた。というのは……、
なぜかコウモリたちはそちら側には行こうとはしなかった。コウモリの糞も、まったく落ちていなかった。そして、地面が、箒で掃いて踏み固められたように、なにやらよく使われる道のようにきれいだった。

その理由の手がかりは、それから少し進んだところで見つかった。

地面は、天井からの水滴で濡れて軟らかくなっており、そこに、うっすらとではあったが、かなり大型の哺乳類の足跡がついていたからである。

大きい足跡と小さい足跡が見られたことから、親子が行き来していることが推察された。足跡はまだ新しかったので、私と出合っていてもおかしくはなかっただろう。現在、使用中なのだ。

で、**この動物は誰なのか？**

私は、最初、タヌキだと思った。理由は二つあった。足跡の形はいまいち不鮮明で、同定のはっきりした根拠にはならなかった。しかし、よたよたとした歩きぶりから、キツネではないと思った。ほかに可能性があるのはアナグマだが、アナグマは自分で穴を掘って巣をつくる動物だ。こんな出来合いの穴は利用しないだろう。………だとしたらタヌキ、ということになる。

コウモリたちの大群がいた坑道と逆の方向の坑道にはコウモリの気配がなかった。行ってみるとそこには、何者かの足跡があった。いったい誰の足跡なのか

ところが、さらに進んでいくと、私は、タヌキ説に疑問を呈する、**今まで見たこともない光景に出合うこ**とになるのだった。

下方坑道はあまり長くは続かず、〝縄ばしごを下ろした場所〟から一〇メートルも行かないところで終わり、その終わりの部分に奇妙なものがあった。

それが、下の写真である。

私の第一印象は、**「巨大な鳥の巣」!**である。

直径が六〇~七〇センチはあるだろうか。スギの枯れ枝や枯れ葉を、器用に円形に積み重ねた、少なくとも大型の哺乳類にしては立派なできばえである。

そこで私は、ハタと考えこんだ。

タヌキが巣をつくったという話は聞いたことがない。もちろん見たこともない。タヌキは、自分で穴を掘ることもなければ、巣をつくることもない……という

坑道のつきあたりに、奇妙なものがあった。何者かの巣である。枝が同心円状に並べられた、よくできた巣だった

のが定説だ。

ひょっとすると、タヌキは、（われわれがまだ知らないだけで）巣をつくることがあるのかもしれない！　もしそうだとしたら、発見ではないか。一瞬、**私のなかの功名心のようなものが輝いた。**

でもその後、下方坑道の、巣と反対側の隅であるものを見つけ、私は、一連のアニマルトラックの主《ぬし》が、アナグマであることを確信することになる。

それは、糞だった。タヌキの糞ではない。明らかにアナグマのものとわかる糞が、古いのやら新しいのやらが入りまじって散在していたのだ。

アナグマは、自分で掘ったのではない穴も利用するということなのだろう。それはいずれにしろ、大した発見ではないことは確かだ。

それよりも、アナグマたちはこの坑道全体のどこからか入ってなかを歩きまわり、下方坑道の巣で休息しているのだ。つまり、アナグマたちはコウモリたちと同居しているわけだ。天井にぶら下がったコウモリたちの下を、アナグマの親子が歩いていく姿が想像された。それは**とても愉快な光景だった。**

そして、その日の探索は充実の体験とともに終わったのだった。

ちなみに、Ｓｇくんは、私に長時間待たされすぎたせいか、坑道に入りたいとは言わなかった。

さて、それから数カ月後、私は、コウモリの捕獲の許可を取り、〝すり鉢〟坑道を訪れた。そのころが、キクガシラコウモリの出産の時期であることを私は知っていた。学生のＴｓくんに外で待っていてもらって、私は、慣れた動作で、縄ばしごを下っていった。

予想どおり、天井には、子どもらしき体の小さいコウモリたちがたくさんぶら下がっていた。やがて、コウモリたちの何匹かが天井を離れて飛翔しはじめた。すかさず私は、持ってきた虫とりの網で、そのなかの一匹を見事に捕獲した。こういった網での捕獲はけっしてやさしいことではないけれど、そういうことにかけては、**ちょっと自信がある。**

網のなかで動いているコウモリをゆっくりと取り出すと、腹には、もう親と同じくらいの大きさの子どもが、しっかりと抱きついていた。体重や体長を測りながら、母親に向かって「あなたは、こんなに重たい子どもを抱えて飛んでいたのか。すごいね」とかなんとか話しかけた。

でも、**驚いたのは、そのあとだった。**

計測が終わりコウモリを放すと、母親コウモリは、腹に大きく育った子どもを抱きかかえたまま、その場で（まったく助走なしで）、飛び上がったのだった。そして見事な曲線を描きながら坑道を舞い、消えていった。

冒頭の話にもどるが、私は、親子のキクガシラコウモリに触れてみて、その小さな体から、命の鼓動を強烈に感じた。そして、四肢を変化させてつくり出した翼の、飛翔の技と力に何度も拍手したのだった。

それから今日まで、鳥取県の東部を中心に、いろいろな〝穴場〟を訪ね（その場所を発見するのに大変苦労したものも多かった）、コウモリたちについての理解は少しずつ増えていった。一見、哺乳類のなかでは、異質の、変わった

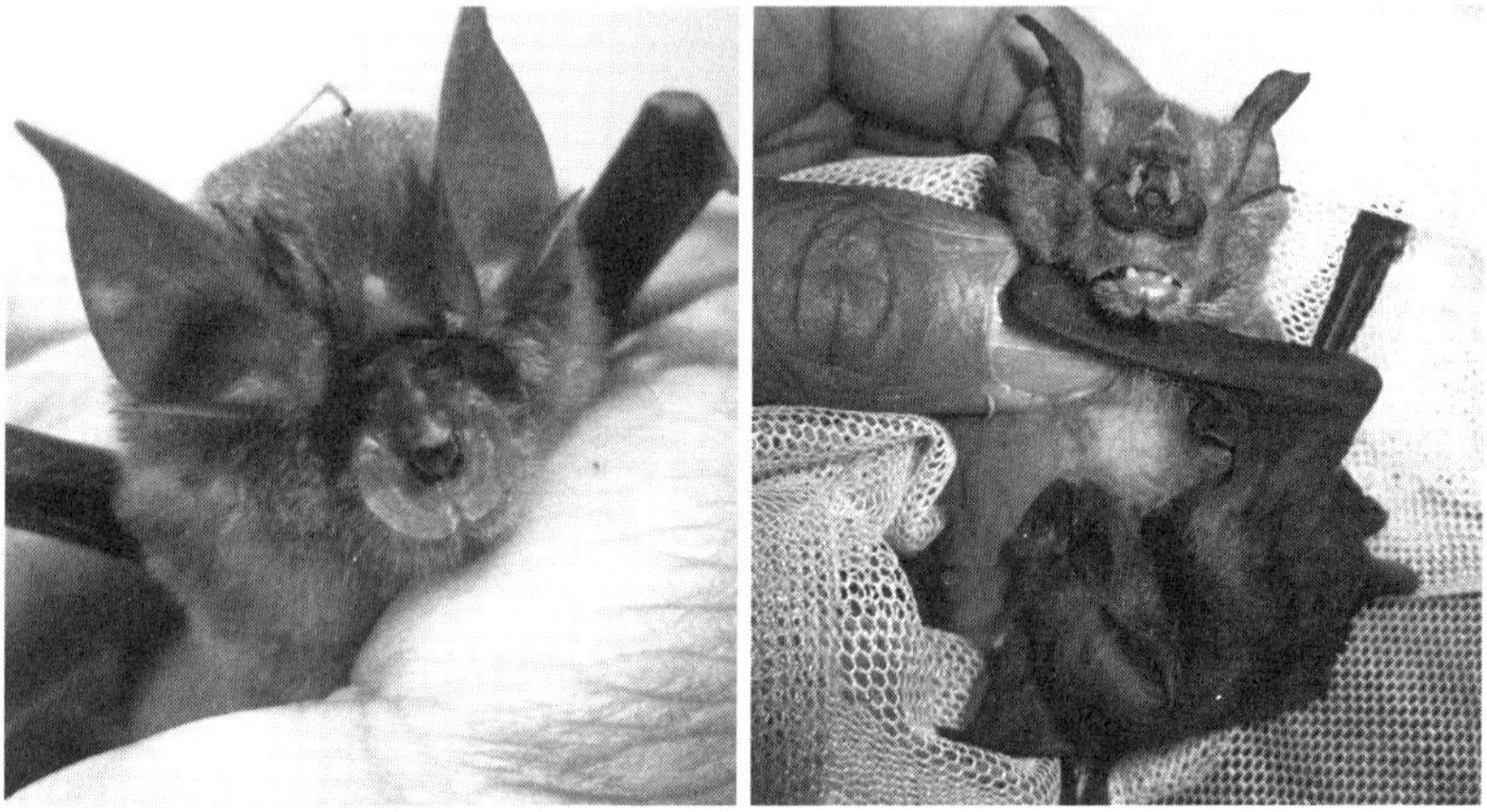

網のなかのキクガシラコウモリを取り出すと、腹には親と同じくらいの大きさの子どもがしっかり抱きついていた。計測が終わり放してやると、母コウモリは腹に子どもを抱えたまま、その場で飛び上がり、曲線を描いて飛んでいった

顔や体つきをしているが、それは夜の闇のなか地上の広い空間を飛びまわるという生き方に適応した、見事な生命の力を高らかに歌い上げているのだと思う。

私はますます、コウモリに魅了されていくのだった。

先生、○×コウモリが、なんと△□を食べています！

コウモリをめぐる三つの事件

CHINPANJI MITAI.!

INU MITAI.!

引き続きコウモリネタでスイマセン。

どんな動物でも、謙虚に、長く接していると、いろいろな事件に遭遇し、いろいろな知識がたまっていき、そしてその動物が好きになっていくものだ。私には、そういう動物がたくさ〜〜〜んいる（もちろん例外があることも認める。私は大きなミミズがどうしても好きになれない）。

そういう動物のなかから、今回は、コウモリにスポットを当て、三つのコウモリをめぐる出来事についてお話ししたい。

さて、その話の前に、ちょっと分析しておきたいことがある。分析して、コウモリにまとわりつくネガティブなイメージについてのいわれなき濡れ衣を晴らしておきたい。

コウモリは、一般的には、嫌われがちな動物だ。

嫌われる理由の一つは、人家の屋根裏などを宿にするアブラコウモリなどが排泄する大量の糞だろう。彼らが夜の空中で食べる虫の量は半端ではなく、宿に帰って排泄する糞も多い。

天井に糞をされたら家の人が困り、嫌いになるのもしかたのないことなのかもしれない。

そして、もう一つの**コウモリが嫌われる理由**（こちらの理由が本質的なのだが）は、不吉さ、怖さ、吸血………といった、誤って植えつけられた印象である。

ちなみに、ヒトの精神的疾患のなかに、**特定恐怖症**と呼ばれるものがある。そして、特定恐怖症の対象になるものは、「高所」「暗闇」「閉所」「水流」「雷」「血」「ヘビ」「猛獣」………などである。

とても不思議なのは、現代社会において、（病気以外で）死の原因になるのは、「ナイフ」や「車」「電気」「銃」………といったものなのに、それらが恐怖の対象になることはない。

これはどういうことか？

それは、「高所、暗闇、閉所………は、二〇万年前に誕生したホモ・サピエンスの歴史の九割以上を占める狩猟採集生活において、死の原因になりやすかったものだ」と考えればとても合理的に説明できる。

われわれの**脳は、狩猟採集時代の構造**（神経の配線）を今でも保っているのだ（脳の構造の骨格は遺伝子によって決まっており、その遺伝子は文明時代という短い時間では変化しないということだ）。

そして一方コウモリは、ヒトにとって、夜、つまり暗闇の動物だ。洞窟などの閉所から現われ、鋭い歯（多くのコウモリは虫を餌にするが、空中で捕らえた虫を逃さないためには鋭い歯が必要なのだ）をもつ。

つまり、特定恐怖症の要素を複数備えているのだ（〝吸血〟という印象については明らかに誤解だ。世界の約一〇〇〇種のコウモリのうち、血を吸うコウモリは数種にすぎない）。コウモリ自体が危険なのではない。たまたま、彼らの活動の場面や習性が、ヒトの脳内の恐怖感知装置を響かせてしまっているのだ。

これを読まれた読者の方には、是非、コウモリに対する正しい認識をもっていただきたいと切に願う。

以下、「三つの、コウモリをめぐる事件」である。

1　チンパンジーのように地面を歩き、イヌのように餌を食べ水を飲むコウモリ

コウモリ類は、地球の哺乳《ほにゅう》類のなかでも大変繁栄したグループであり、齧歯《げっし》類（約二〇〇

○種）に次いで多い種数を誇る（約一〇〇〇種である）。

日本でも三七種のコウモリが確認されている。

日本のコウモリ類を、見た目で大きく分けると、大型のコウモリ（オオコウモリ科に分類され、キツネのような顔をもち、優位な外界認知装置は視覚）と小型のコウモリ（キクガシラコウモリ科、カグラコウモリ科、ヒナコウモリ科、オヒキコウモリ科に分類され、優位な外界認知装置は超音波などの聴覚）になる。

いずれにしろ、彼らは日中は、洞窟や木の洞《うろ》の天井、木の枝に逆さにぶら下がって休息しており、夜になると餌を求めて飛翔する。

ところで、ニュージーランドのツボキコウモリと呼ばれる小型のコウモリは、一生のうち、四〇パーセントくらいを地上で過ごすと言われている。地上ではもっぱら、枯れ葉などの下の虫を探して歩く（ニオイで餌を探していると考えられている）。

ニュージーランドでは、鳥類にも〝飛べない鳥〟が多いが、哺乳類の捕食者が少ないという環境が、地上で活動する鳥やコウモリを生存させているのだろう。

一方、哺乳類の捕食者がたくさんいる日本では、もちろんツボキコウモリのような、活動の半分を地上で行なうようなコウモリはいない。でも私は、ツボキコウモリの習性の断片を感じさせるような日本のコウモリを知っている。

私は今、そのコウモリを研究のために大学の研究室で飼育している。日本のコウモリのなかでも、最も小さい部類に入るコウモリだ（そのコウモリの名前はあとで！）。

机の上に置いた透明プラスチック容器のなかで飼育しており、餌は、主にミールワーム（ゴミムシダマシの幼虫）を与えている。

飼育容器を〝机の上〟に置いているのは、私が大の苦手とする「デスクワーク」の間も、コウモリたちがよく見えるようにするためだ。

彼らは日中は容器の天井にぶら下がってじっとしている。

外に夕闇が下りるころになると少しずつ体を動かしはじめ、体を震わせたり、毛づくろいをしたりする。やがて、体が温まると、容器のなかを移動しはじめ、翼をばたつかせて飛んだりすることもある。

そんなコウモリたちの姿を見ていると、私は、**彼らとふれあいたいという欲求を抑えきれなくなる。**デスクワークを中断して、容器の蓋を開け、コウモリの頭や背中にさわって挨拶する（愛情をこめてそうしているのだが、コウモリのほうは嫌がり、たいていは口を大きく開けて鋭い歯をむき出す。私は彼らが元気であることをうれしく思う）。次に、ミールワームを口に触れるくらいに近づける。そうすると、素早くミールワームにかぶりつき、石臼で挽《ひ》くように上下の顎を動かし、じゃりじゃり音を出しながら食べていく。それはもう、見ているほうが気持ちよくなるような、**見事な食いっぷりである。**

それからである。ツボキコウモリのような行動が始まるのは。

容器の底（つまり地上）に下りてきたコウモリは、四肢を地面につき、哺乳類、特に**チンパンジーが歩くような格好でそそくさとあたりを歩きまわる**のだ。

そして決まって、私がミールワームを入れている丸い容器まで歩いていき、そこで頭を下げ、容器のなかのミールワームをパクつくのだ。そうパクつくのだ。

おまえさん、まるでイヌじゃん。

それが、私が、餌をパクつくコウモリを見て思った、偽《いつわ》らざる気持ちである。

読者のみなさんも、その姿を見られたら、ほぼ、私と同じことを思われることだろう。

おまえさん、まるでイヌじゃん。

さらに、話はそれだけでは終わらない。

ミールワームを数匹食べたら、またチンパンジーのような格好で、決まって、私が水を入れている丸い容器まで歩いていき、頭を下げ、容器のなかの水を飲むのだ。そう、ピチャピチャ飲むのだ。

おまえさん、水の飲み方もまるでイヌじゃん。

それが、私が、水を飲むコウモリを見て思った、偽らざる気持ちである。

読者のみなさんも、その姿を見られたら、ほぼ、私と同じことを思われることだろう。

おまえさん、水の飲み方もまるでイヌじゃん。

さらに、さらに、話は、それだけでは終わらない。

私も、はじめてその場面を見たときは驚いた。

最初は、単に、（なかば偶然）紙に噛みついているだけだろうと思った。

でも違うのだ。彼らは、好んで（と言ってもいいだろう）、**紙に噛みつき、引きちぎり、食べる**のだ。それを何度も何度も繰り返すのだ。紙は、ティッシュペーパーでも、それより硬いコピー用紙でも問題ない。明らかに………食べるのだ。

これには私も、けっして言えなかった。「おまえさん、まるでイヌじゃん」………とは。

イヌは紙は食べない！

水を飲み終わったあと、（これは、〝決まって〟とは言えないが、しばしば）**コウモリは、な**

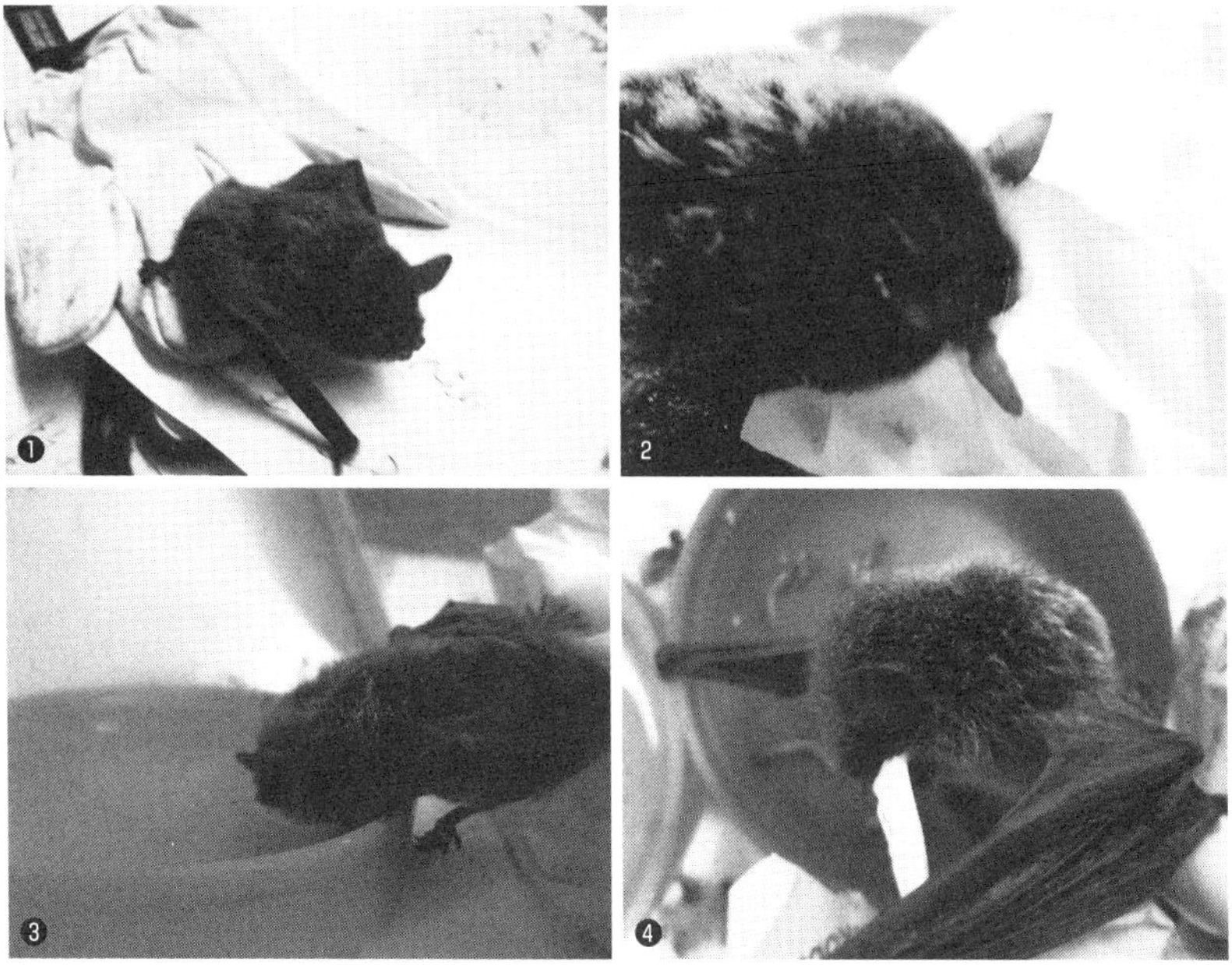

私がミールワームを入れている丸い容器まで歩いていき、そこで、イヌが自分専用の餌入れのなかの食べ物をパクつくように、コウモリも頭を下げ、容器のなかのミールワームをパクつく（❶❷）。そして、容器のなかの水をピチャピチャ飲む（❸）。そして、そして、なんと紙を食べる（❹）！　これには驚いた

んと、………紙（！）を食べるのだ。

さて、これらの魅力的な行動を見せてくれるコウモリの名を明かすときがきたようだ。その名前は、モモジロコウモリだ。

体重が一〇グラムを下まわる小さなコウモリで、学生と私が鳥取県東部で調べたかぎりでは、なかに水場、それもある程度以上の水深の水場がある洞窟を好んで利用する（今のところ例外はない）。

そして、このモモジロコウモリが、研究室の机の上で見せてくれた行動は、学術的にも重要な内容がいろいろと含まれていると思っている。目の前でひたむきに観察するという〝動物行動学の基本的な方法〟だったからこそ見出せた、と言ってもよいかもしれない。

まず、このモモジロコウモリが、地面の、ほとんど動かない（私が体をちぎって与えているので）ミールワームを食べるという行動であるが、これはとても興味深い知見である。

一般に、モモジロコウモリを含めた小型のコウモリ類は、**狩りには超音波を使うというのが既成の見解**である。もちろん、虫を空中で捕まえたあとは、食べる直前にニオイを嗅いだりすることがありうることは想定されている。

でも、私が、バットディテクター（超音波を、周波数を下げて聞く機器で、暗くて姿が見えない場所でコウモリの存在を知るために、コウモリ調査でよく使われる）を使って調べた結果によれば、モモジロコウモリは、地面を歩いてミールワームに近づき、ミールワームを口に入れるまで、**超音波はほとんど発していないのだ**。むしろ、たとえ超音波を発しても、動かないミールワームを超音波によって発見することはできないだろう。

コウモリが絶えず**頼りにしていた感覚刺激は、**ミールワームから出る**ニオイである。**ミールワームを、（ちょっとかわいそうだけれど）体の途中でちぎって、外皮から内容物が外に出ている状態で提示しておくと、モモジロコウモリは、比較的容易にミールワームを見つける。

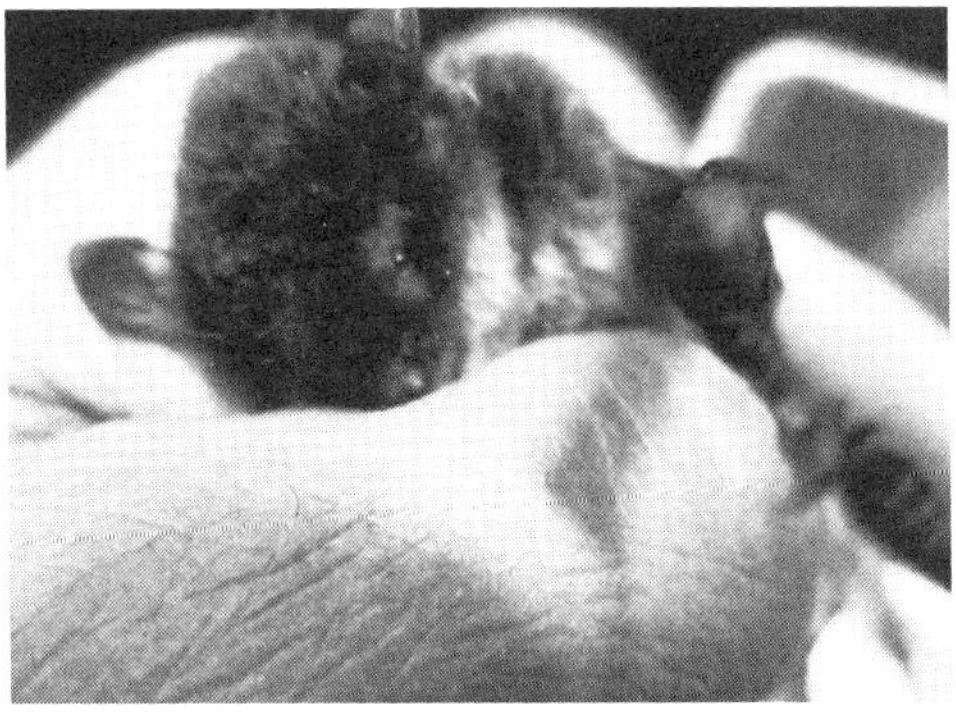

私の手に甘えるようなしぐさをするモモジロコウモリ。でも甘えているわけではないのだ。ただし、多少、気を許していることは確かだ

でも、ちぎらないそのままの状態（ミールワームからニオイはほとんど出ない）で提示しておくと、たいていモモジロコウモリは、ミールワームを発見できずに通り過ぎる。

つまり、少なくとも、モモジロコウモリの餌認知に関する考え方を変える必要があるのではないかと私は思っている。

それはつまり、ニュージーランドのツボキコウモリのような習性を、モモジロコウモリは多少なりとももっているということなのだ。

三重県科学技術振興センターの佐野明さんたちは、モモジロコウモリが、河川敷の石の下の砂を掘って、そこにもぐりこんで休息することを発見されている。これは、モモジロコウモリの「地面を歩く」という特性にも関係している。またひょっとすると、モモジロコウモリは河川敷の地面で、ニオイを頼りに餌を捕っているのかもしれない。そんな想像に駆り立ててくれる。

モモジロコウモリが（イヌのように）水をよく飲むという点については、これが、モモジロコウモリの**休息、あるいは冬眠の場所の好みを決める要因**として影響を与えていると考えるようになった。

先に、学生と私が鳥取県東部で調べたかぎりでは、（モモジロコウモリは）なかに水場がある洞窟を好んで利用すると書いたが、それは、モモジロコウモリが、水好き（生理的に多くの水を必要とする）だからではないだろうか。

ちなみにキクガシラコウモリは、モモジロコウモリのように、餌を食べたあと水を飲むことはない。もちろん、水を飲む行為自体は行なうのだが、それは餌を食べたあとではないし、私が見ているかぎりでは、水飲みの頻度は高くない。そのためかキクガシラコウモリは、なかに水場がない洞窟でもよく見られる。そしてキクガシラコウモリは、モモジロコウモリのように地面を歩くことはほとんどない。彼らは、すぐ近くまでの移動でも〝飛翔〟しようとする。

最後の「紙を食べる」という行動については、ちょっと驚きだ。

小型のコウモリのほとんどは（もちろん、モモジロコウモリも）、**イヌと同じく、肉食性**とされている。虫を食べる生粋《きっすい》の肉食である（と思われている）。

一方、紙は、どう考えても植物性である（草食性のヤギも好んで紙を食べる）。

では、モモジロコウモリが紙を食べるということは何を意味しているのだろうか。ちなみに、キクガシラコウモリもユビナガコウモリも紙は食べない。

その理由、読者の方も考えてみていただきたい。

本章のタイトル「なんと△□を食べています!」の△□が何か、わかっていただけただろうか。ひらがなで二文字だ。

2 洞窟の地面の石にしがみつくキクガシラコウモリがいた!

これは、つきあいがもう一〇年近くなる、ある洞窟のなかで出合った一匹のキクガシラコウモリの話である。

私は、ある冬の午後、その洞窟で、**ちょっとうれしい発見**をしていた。

そこから遡ること約一〇カ月、私は、その洞窟で冬眠していたキクガシラコウモリ三個体に足環をつけたのだが、そのコウモリのうちの二個体が、「ある冬の午後」に、同じ洞窟で見つかったのだ(一匹は私が見つけ、もう一匹は一緒に行ったYmくんが見つけた)。つまり、同じ洞窟を冬眠場所に使っていた、ということだ。

ちなみに、コウモリの標識には、通常は金属(アルミニウム)バンドが使われ、それを前肢につける。一方私は、金属バンドも使うが、それよりもコウモリにとって負担が軽いと思われ

上の写真は、10カ月前に足環をつけている様子
下の写真は、それから10カ月後に同じ洞窟で見つかった足環装着コウモリたち

るプラスチックの足環（後肢の足首につける）を試作して使っている。
「ある冬の午後」の足環コウモリたちとの再会は、足環が、少なくとも約一年間ははずれないことを示していた。その構造からして、もっともっと長くもつだろう。

さて、「ある冬の午後」からさらに三カ月ほどたったある日、その洞窟を訪ねた私は、暗い洞窟内の隅の地面に、奇妙なものを見つけた。

それは、地面の手のひらくらいの石の上にかぶさるように乗っていた。明らかに石ではない、土でもない、**生物のニオイのする黒いもの**である。

最初に私の脳裏に浮かんだのは、コウモリの死体、である。

でも、それは間違いであることはすぐわかった。

それまでにも、地面に落ちたコウモリの死体は何度か見ていた。はじめて見たのは、もう二、三年前になる。〝地面〟には、あたり一帯に水がたまっており、その水面上に顔を出した陸地に、コウモリは、翼を広げてうつ伏せになっていた。その姿にはもう命の面影はなかった。ユビナガコウモリだった。

では「石の上にかぶさるように乗っていた」ものはなんなのか。例によって、思いもかけない動物か!?　**私の胸は高鳴った。**でもそれは、思いもかけない動物ではなかった。

コウモリだった。だけど死体ではなく、生きたキクガシラコウモリだった。

地面の石にしがみつくような格好で、暗闇のなかで静かに時を過ごしていた。呼吸とともに、背中の両側が上下するのが見えた。

さて、キクガシラコウモリが、**地面の石の上にうつ伏せになっている、**というのもおかしな話だ。

もちろんコウモリのなかには、そういう習性のコウモリもいるだろう。たとえば、オヒキコウモリという（鳥取県で私がはじめて確認した）コウモリは、しばしば地面に伏した格好で休息する。でもそれは、切り立った崖や無人島の割れ目などでの話だ。さほど危険はない。

地面の石の上にうつ伏せになっていたキクガシラコウモリ。こんな場所にいたら危ない！

今、キクガシラコウモリが伏せているこの洞窟は、イタチやヘビも入ってくる場所だ。そんな場所の地面に伏せていたら……**危ないではないか！**

体力を失ってこんな状態になってしまったのかもしれない。

こうなったらもう連れて帰って、体力を回復させてからもどすしかない。幸いコウモリの飼育には自信がある。もちろん、研究用の捕獲許可は得ていた。

私は、ゆっくりと近づき、様子をうかがった。そして、そーっと背中から手をかぶせてみた。コウモリは少し口を開けたが体は動かさなかった。石から剥がそうとすると、爪が石に食いこんでいてなかなか剝がれなかった。

さてどうしたものか。私はしばし思案した。そして思いついた。

ザックから網袋を取り出し、**コウモリを、しがみついた石ごと袋に入れ**、慎重に車まで運んでいった。

そして車の助手席に、網袋に入れた〝石上うつ伏せコウモリ〟を乗せた。

つまり、大学まで**〝石上うつ伏せコウモリ〟とのドライブ**になったわけだ。

さて、最初は、助手席の方《かた》も物静かで、おだやかなドライブだった。でもしばらくすると、車のなかの暖かさのせいか、助手席の方が石から離れて、網袋のなかで活発に動きはじめた。

私は、よかった、と思った。結構、元気じゃん。

静かなドライブが少々騒がしくなったが、そんなドライブもいいもんだ。もう薄暗くなった山道を、私は大学へと急いだ。

大学にもどった私は、大きめのケージに移そうと思い、網袋から〝石上うつ伏せコウモリ〟を取り出した。そしてそのとき、洞窟のなかでは確認できなかった二つのことが明らかになった。

一つは、そのコウモリが雌であるということ。そしてもう一つは、そのコウモリの秘密の一端と言えばよいのだろうか。

〝石上うつ伏せコウモリ〟の片方の後ろ足には、(通常五本ある) 指が四本しかなく、かつ、そのうちの二本は短く爪もなかったのである。

爪がない短い指の肉は盛り上がり、後ろ足全体が肥大しているように見えた。

生まれつきの奇形か、あるいは、小さいころ何かの事故で失ったものか、いずれにしろ最近失ったものでないことは確かだ。

そして私は思った。

ということは、洞窟の天井の裂け目に爪をかけてぶら下がるとき、当然、支障が出てもおかしくはない。〝石上うつ伏せコウモリ〟が、地面の石の上にいたのはそのことが関係しているのかもしれない。

だけど……、すぐに私は思った。だけど、ほんとうにそんなことがあるのだろうか。もしそうだとしたら、〝石上うつ伏せコウモリ〟は、生まれたときから（あるいは、中の指を失ってから）、かなり長い期間、休息時を地面で過ごしてきたことになる。

それで今日まで生きのびることができるだろうか。

さて、その疑問はわきにおくとして、ケージ内での〝石上うつ伏せコウモリ〟（〝イシコ〟と呼ぶことにしよう）の行動はなにかと興味深いものだった。

ケージ内には、イシコがしがみついていた石も入れておいたのだが、**イシコはその石がお気に入りで、**よ

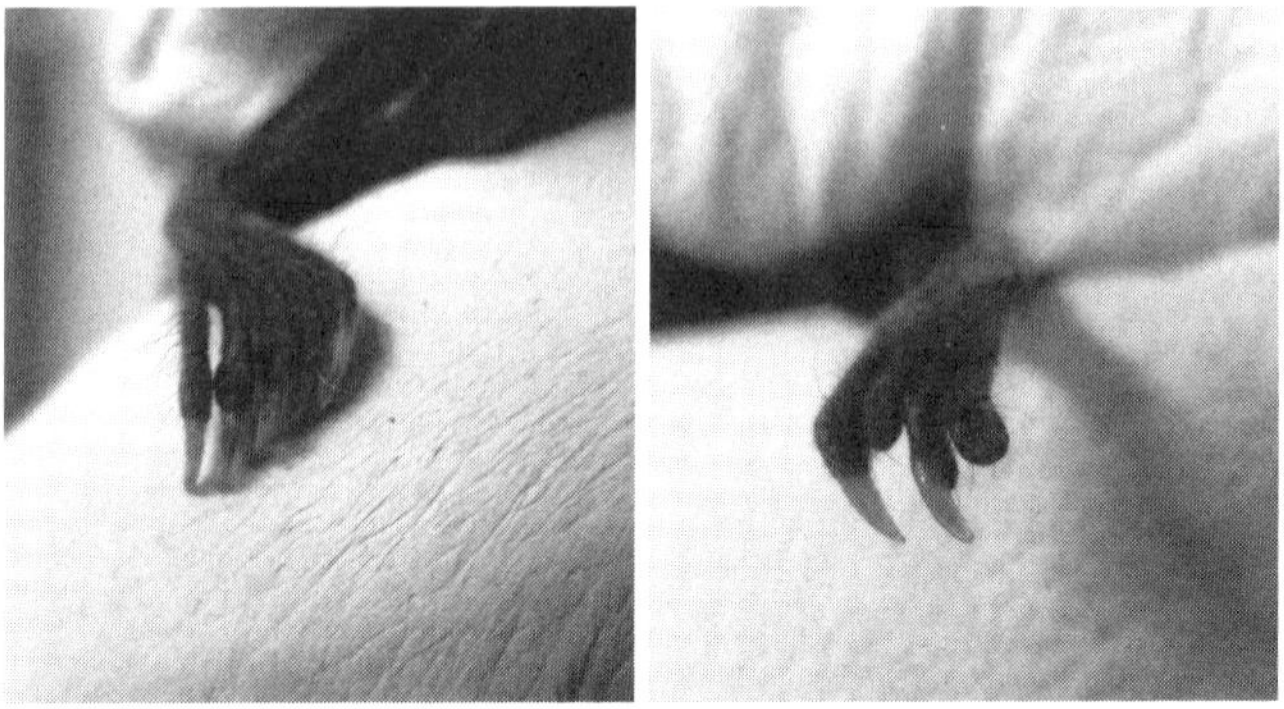

“石上うつ伏せコウモリ”の片方の後ろ足には、指が４本しかなく、さらにそのうちの２本には爪がなかった（右）。通常は５本ある（左）

くそれにしがみついて過ごしていた。

一度、もし石がなかったらどうするだろうと思い、石を取り去ってみた。すると、片脚でケージの天井にぶら下がった。天井の金網に片方の足の爪を掛けて。

やっぱり片脚でも大丈夫なんだ。じゃあ、もう一度石を入れたらどうするだろうか。

一晩たって見てみると、イシコは石にしがみついていた。

イシコにとっては、ぶら下がることもできるが、石の上に乗るほうが楽ということなのだろうか。

そして、こんなこともあった。

イシコがどんな石を好むかを調べる目的で、いろいろな石をケージに入れてみた。そのなかには、イシコが洞窟のなかでしがみついていた石と同じくらいの大きさで同じような形状のものも含まれていた。

そしてイシコがほぼ毎回選んでしがみついた石は、………洞窟でしがみついていた石だった。

なぜだろうか？

「同じくらいの大きさで同じような形状」とは言っても、もちろん完全には同じではない。イシコは、洞窟でしがみついていた石の、その微妙な形状が気に入っていた、と考えるのがまー妥当だろう。でも私は、ちょっと違った可能性を考えている。

それは、次のような出来事を体験して考えたことである。

イシコは私が与えるミールワームをよく食べた。口のなかでじゃりじゃり音を立てながら、見ている**私もミールワームが食べたくなるくらい、**勢いよく食べた。

ケージのなかでも元気に動きまわった。キクガシラコウモリの秀でた飛翔力で、あまり広くない空間のなかでも、しっかり飛んでいた。

こうなったらもう洞窟に返してやってもいいだろう。

イシコと、洞窟から大学までドライブした日から一週間くらいたっていた。今度は、大学から洞窟までのドライブだ。車のなかではイシコは、**お気に入りの石にしがみついていた。**リラックスしているように見えた。

さて洞窟のそばに車を止め、ケージごと洞窟に運んでいったときだった。

洞窟の入り口にさしかかると、イシコが、突然、ケージのなかで羽ばたきはじめたのだ。飛びはじめたのだ。

そんなイシコの姿から私の耳には、次のような言葉が聞こえたようだった。

「家のニオイがする。私の家のニオイがする！」

洞窟の奥へと移動する間もイシコは、ばたばた羽ばたいていた。洞窟のなかで、キクガシラコウモリたちが好む場所は知っていた。奥の、天井の高さがぐっと増す場所で、温度や湿度がほどよく安定したところだった。五匹ほどのキクガシラコウモリが、分散してぶら下がっていた。一週間前、イシコが地面で石にしがみついていたのも、その場所の近くだ。

そこまで来ると、ケージを地面に置き、イシコをケージから取り出し、手を広げた。するとイシコは、ばさばさという軽やかな翼の音を残して、洞窟のなかを旋回して飛びはじめた。**喜びに満ちた飛翔**のように感じられた。

よし、これでいい。

私はケージを持って、洞窟の入り口へと向かった。

もちろん、イシコが好んでしがみついていた石は、も

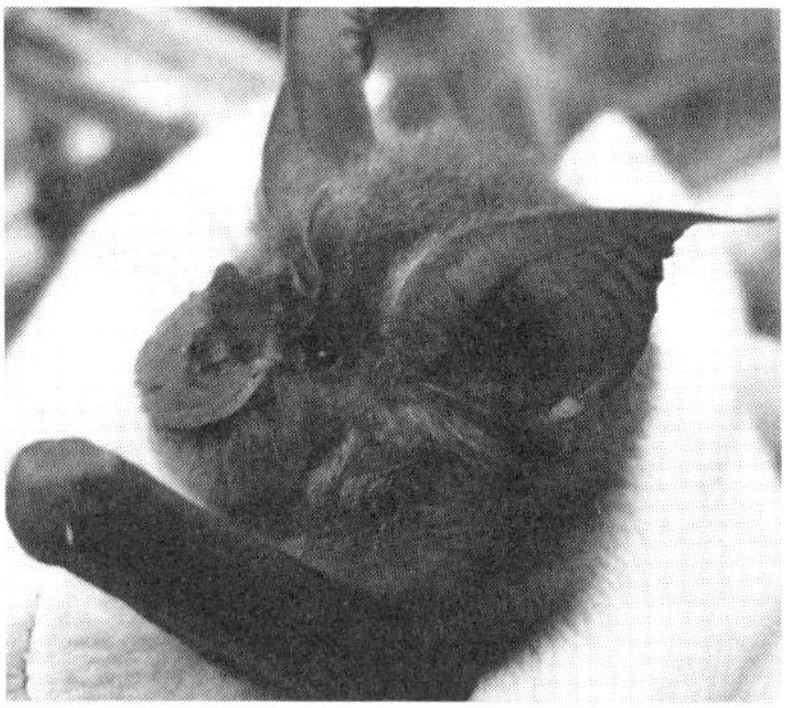

キクガシラコウモリの顔。見る角度によっては、かわいかったり、思わず笑ってしまったり……。鼻の穴もしっかり見える

との場所に置いていった。

さて、「イシコがほぼ毎回選んでしがみついた石は、……洞窟でしがみついていた石だった」ことの理由として私が考えたこと、おわかりになるだろうか。

イシコは、その**石から〝私の家のニオイ〟を嗅ぎとっていた**からではないだろうか。

コウモリと言えば、しばしば「超音波」がクローズアップされる。でも、彼らの鼻は（キクガシラコウモリにかぎらず、ユビナガコウモリやモモジロコウモリなどの多くの種類のコウモリの鼻も）、大きな穴をもったしっかりとした器官として存在している。

コウモリたちの賢さを日々体感している私には、コウモリがニオイを記憶していて、それをもとに行動することは十分ありうることだと思えたのだ。

3　ほかの種類のコウモリのコロニー（群塊）のなかにこっそりもぐりこんで、寒さや乾燥を避けるコウモリ

まずは、次ページの写真を見ていただきたい。

私は、写真の中央部でこちらを見ているユビナガコウモリと目が合うと、次のような声が聞こえてくるのだ。

「へへへーっ、ぼく、あったかいもんね。うまくやってるもんねーっ」

二〇一四年一二月、私は学生のYnくん、Ymくんと一緒に、大学から車で三〇分ほどの浦《うら》富《ど》海《め》岸にある海蝕洞へ、コウモリの調査に行った。写真の一場面は、そのときに出合ったコウモリたちである。

浦富海岸は、二〇一〇年、世界ジオパークネットワークへの加盟が認定された山陰海岸ジオパークの鳥取県側にある場所だ。そこに展開す

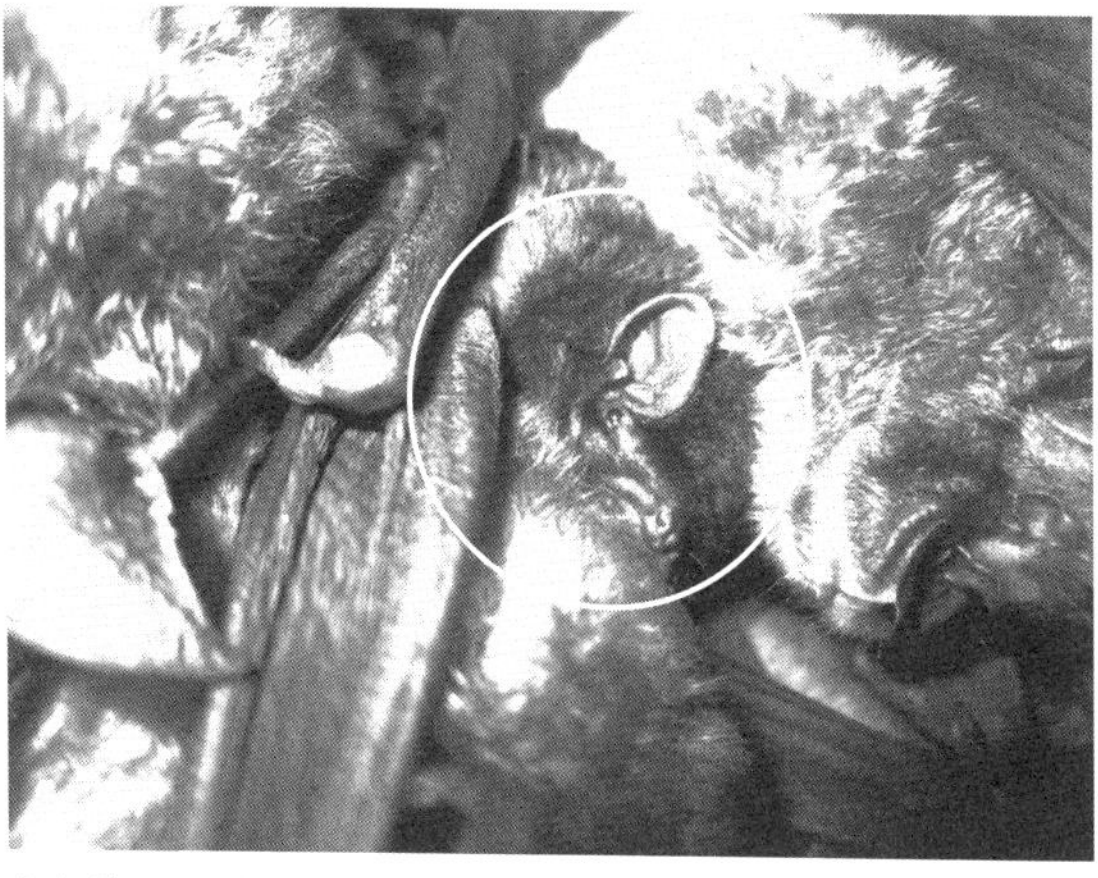

キクガシラコウモリの群塊のなかに、埋もれるようにして入っているユビナガコウモリ

る風景は、浦富海岸が生まれた地質学的なドラマと相まって、見るものの心を癒したり、元気づけたり、まー、とてもいいところだ。

ちなみに鳥取環境大学のN先生が顧問をされている〝ジオ部〟と呼ばれる学生サークルは、岩美町《いわみちょう》を中心とする山陰地域の活性化につながるさまざまな活動に積極的に参加している。

浦富海岸の海蝕洞（複数あるので、今回お話しする海蝕洞は、以後、**〝コッソリユビナガ洞〟**と呼ぶことにする）は、幅一〇メートル×長さ二〇メートル×高さ二〇メートルほどの空間が二つ、長さ一五メートルくらいの細長い通路でつながった、横たえられたひょうたんのような構造になっている。

コッソリユビナガ洞にコウモリがいることは、学部長のO先生が教えてくださった。地学の実習で、その

50匹前後からなるキクガシラコウモリの群塊。翼を広げず、お互い体毛を触れ合わせるようにしてかたまっている

海蝕洞に立ち寄ったとき、なかを舞っていたということだった。

その後、私は何回かそこを訪れ、**えーっ！という体験**も含めて、いろいろな発見に出合うことになる。それらの体験についての話は、また次の機会に追々するとして、今回は、ささやかだけど、**じつは学術的には重要な話**につながるコウモリのある行動についてご紹介したい。

一二月のコッソリユビナガ洞には、天井に、五〇匹前後からなるキクガシラコウモリの群塊が三つと、同程度の規模のコキクガシラコウモリの群塊が一つ形成されていた。群塊ではコウモリたちは、おしくらまんじゅうをしているように互いに身を寄せ合っていた。

一方、群塊をつくらず、単独で冬眠しているキクガシラコウモリ、コキクガシラコウモリもたくさんいた。

単独で冬眠しているキクガシラコウモリ。翼をマントのようにして体をしっかり覆っている

単独冬眠のキクガシラコウモリのなかには、洞窟の地面から、わずか四〇センチくらいの高さでぶら下がっている個体もいて、学生も私も、「こんなに低いところにいたらイタチやテンにすぐやられるね」と大いに心配した。

冬眠中の格好が、群塊冬眠のキクガシラコウモリと単独冬眠のキクガシラコウモリとで異なっている点も印象的だった。

単独冬眠個体のほうは、翼をマントのようにして体をしっかり覆っているのに対し、群塊冬眠個体は、翼を広げず、お互い、体毛を触れ合わせるようにしてかたまっている。また、単独冬眠個体のほうは、後肢を最大限にのばして、いかにも垂れ下がっているような姿勢であるのに対し、群塊冬眠個体のほうは、後肢を曲げて、天井面と体との間の隙間が少なくなるような姿勢を保っていた。

おそらく、それぞれの冬眠形態（単独か群塊か）において、より保温効果のある格好を追求すると、このような違いにいたるのだろう。

私は、調査のために単独冬眠姿勢のキクガシラコウモリを天井から単離するときの感触を、次のような言葉で表現することがある。

「熟れて垂れ下がった果実をもぎ取るように……」

私はこの表現を大変気に入っている。読者のみなさん、どうですか。感じが伝わるでしょう。

ちなみに、ある個体が、単独冬眠をするか群塊冬眠をするかは、どういう判断要素にもとづいて決めているのだろうか。それも私が今、テーマにしている問題だ。まだ詳しくはお話しできないが、鍵は「外部寄生虫」にある……と思っている。**なにか謎めいて、興味がわいてこないだろうか。**そういう方は、是非、次回の本も買うべきだ。

さて、そろそろユビナガコウモリの本格的な登場である。

ユビナガコウモリは、数千匹からなる大群塊をつくることも知られている愛すべきコウモリであるが、コッソリユビナガ洞では、群塊はつくってはいなかった。

三〇匹ほどの個体が洞内の天井に、まばらに単独でぶら下がっていた。なかには、背中全体に水滴がついていて、いかにも寒そうに冬眠している個体もいた。

ただし、何匹かのユビナガコウモリは、ちょっと違っていた。

それは、キクガシラコウモリの群塊を調べているときに見つかった。

キクガシラコウモリの背中や腹は、日本のホモ・サピエンスの亜成獣（〝若者〟とも呼ぶ）に見られる茶髪のような色をしている。だから、キクガシラコウモリの群塊は全体として、茶髪の塊のような感じがする。

その一様の茶髪のなかに、染め分けするかのように黒色の小さな斑点が、ポツポツと見られることがある。それは、ユビナガコウモリが、キクガシラコウモリの群塊のなかにまぎれこんでいるのだ！

ユビナガコウモリは、キクガシラコウモリより一回り小さいので、その体の間に入りこむと、あたかも、暖かい布団のなかに体全体を埋めたような状態になる。

寒い冬の洞窟中。写真のユビナガコウモリからの声が聞こえないだろうか。

101ページの写真をもう一度見ていただきたい。

「へへへーっ、ぼく、あったかいもんね。うまくやってるもんねーっ」

そして、私は、その顔に向かって心のなかで返すのだ。

「君はほんとにちゃっかりしているね」

最後に、私のお気に入りのユビナガコウモリの写真物語をお見せして、「ほかの種類のコウモリのコロニーのなかにこっそりもぐりこんで、寒さや乾燥を避けるコウモリ」を終わりにしたい。

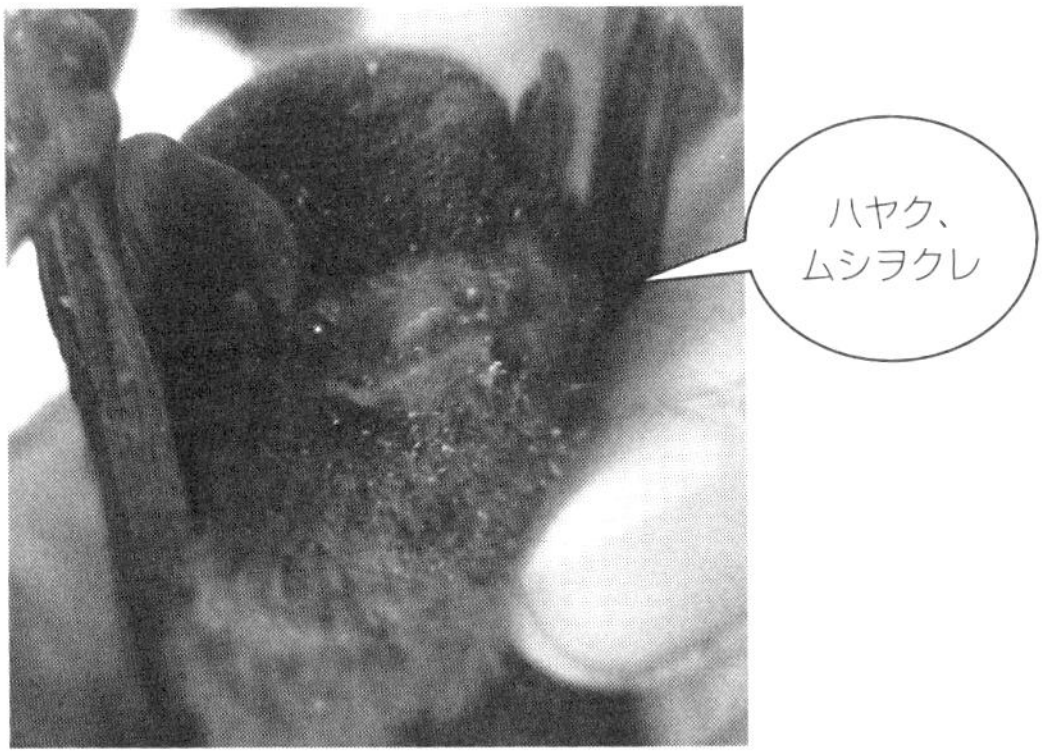
ハヤク、
ムシヲクレ

クレナイナラ、
コワイアクマニ
ナルゾ

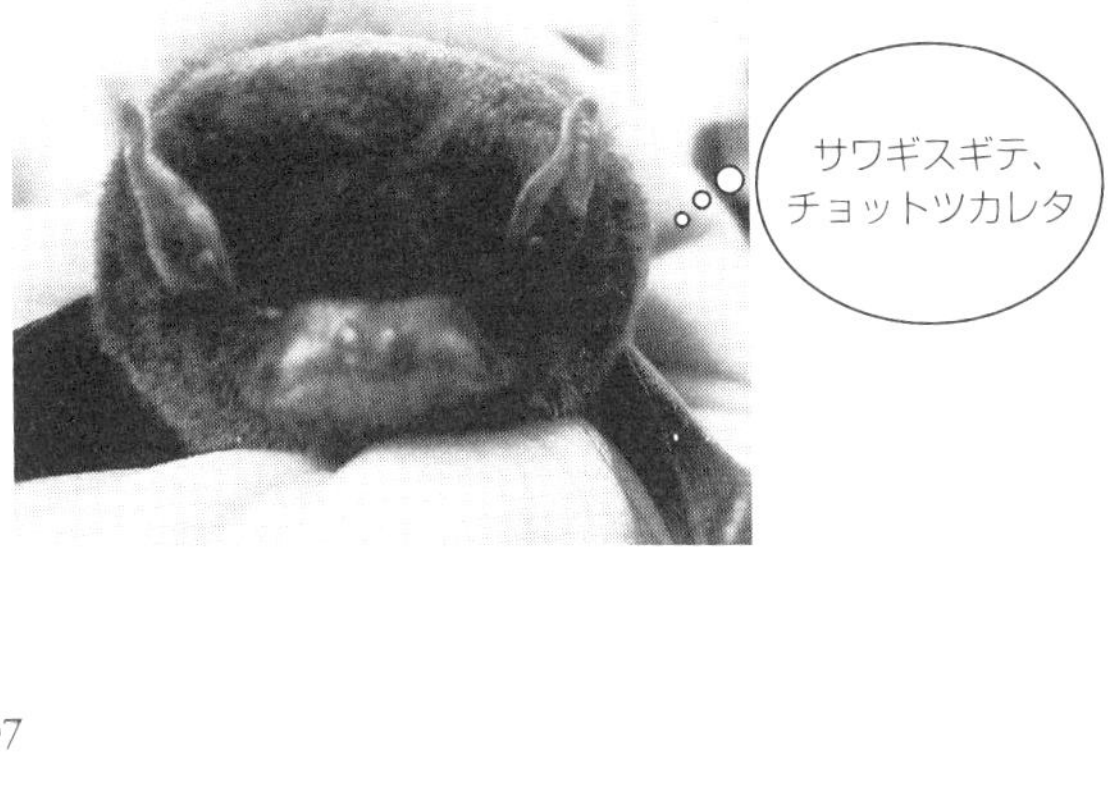
サワギスギテ、
チョットツカレタ

私が、谷川で巨大ミミズ(!)に追われた話

なぜ人は特定の動物に極度な嫌悪感を抱くのか

春のある日、ゼミ生のＭｔくんとＹｓくんと一緒に、大学から車で三〇分ほどの場所にある谷川に行った。

Ｍｔくんが、卒業研究で、ナガレホトケドジョウという、日本中で個体数の減少が心配されている魚類の生態を調べることになったからだ。

鳥取県には、生息地が確認されている地域はごくわずかで、その日、われわれが行った場所はそのうちの一つだった。

山の斜面を流れる幅五〇センチメートル程度の細い谷川は、ところどころに小さな小さな〝滝〟と、滝から流れ落ちた水がたまる〝水たまり〟、そして、その間を結ぶ〝流れ〟からなっていた。〝水たまり〟と〝流れ〟と〝滝〟の繰り返し、というわけだ。

一方、ナガレホトケドジョウは、主に、〝水たまり〟に暮らしており、水中の、カゲロウの幼虫やヨコエビ、小さなサワガニ、そして、谷川の周辺から水面に落ちてくる昆虫などを食べることがわかっている。

ほかの魚類はとても棲めないようなせまい水場、急な斜面の谷川で生きるナガレホトケドジョウ。それを可能にするナガレホトケドジョウの性質として、「石の下に果敢にもぐる筋力も含めた能力」「どんなものでも食べようとする貪欲さ」などがあげられるが、もう一つ、とて

大学から車で30分ほどのところにある山の斜面を流れる幅50cmほどの細い谷川。ところどころに、小さな“滝”と、滝から流れ落ちた水がたまる“水たまり”、その間を結ぶ“流れ”からなっている

も**大切なある能力が不可欠**ではないかと常々私は思っていた。そしてその能力について、Ｍｔくんは調べようとしていたのである。

その能力とは、………「下の〃水たまり〃から、上の〃水たまり〃へと遡って移動する」能力である。

大雨のとき、周囲から水が流れこみ、谷川は底の石も巻き上げて地形まで変えるほどの激流になるだろう。そんなとき、ナガレホトケドジョウは激流に巻きこまれ、下へ下へと谷川を落ちていく場合もあるにちがいない。

もし、ナガレホトケドジョウに、「(激流が収まったあと)下の〃水たまり〃から、上の〃水たまり〃へと遡って移動する」能力がなかったとしたら、どうなる

小さな“滝”から流れ落ちる水がたまる“水たまり”にナガレホトケドジョウ（左の○のなか）は暮らしている。右の○のなかには、水に落ちたら餌になる虫がいる

だろうか。谷川の下のほうの〝水たまり〟にたくさんのナガレホトケドジョウが集中してしまうことになる。

でも、もちろん、谷川では、そんなことは起こってはいない。上のほうの〝水たまり〟から下のほうの〝水たまり〟にかけて、ナガレホトケドジョウは、ほぼすべての〝水たまり〟で見られる。

彼らは、「下の〝水たまり〟から、上の〝水たまり〟へと遡って移動する」能力をもっていると予想されるのである。

場所によっては、下の〝水たまり〟と上の〝水たまり〟は、かなり急な斜面を下る流れによってつながっている。だけど、ナガレホトケドジョウはきっと、そんな**急な流れでも遡れる力をもっているはずだ。**もっていてほしい。

その仮説を、室内や野外での実験を通して検証しよう、というわけである。

ひょっとすると読者の方のなかには、次のような可能性を考えられる人もおられるかもしれない。

それぞれの〝水たまり〟にいるナガレホトケドジョウは、大雨で谷川が激流になっても、石の下などに入って、下へと流されることを避け、ずっとその〝水たまり〟で過ごすのではないか、山の急な斜面の谷川では、のぼりきれない流れもあるのではないだろうか、と。

でも、もしナガレホトケドジョウが一つの〝水たまり〟で一生を過ごし、繁殖もそこで行なうとしたら、それはそれで**生物学的に困った問題**が起こってしまう。

それは、「近親個体同士の交配」という問題である。

血縁的に近い関係にある個体（親子や兄弟姉妹など）同士の間で交配が行なわれると、その結果、生まれてくる子どもは、病気になりやすかったり、幼体期での死亡率が高かったりすることがさまざまな動物で知られている。一昔前の動物園などでは、やむなく近親交配も起こり、そうした知見が得られてきたのだ。

それが理由だと思われるが、植物も含めて（！）、多くの生物で、近親交配を避ける仕組みをもっていることが明らかにされている（そういう仕組みをもたなかった生物は絶滅しやすかったということだろう）。

たとえば、多くの鳥類では、生まれた子どものうち、雄（つまり息子）は親の縄張りの近くにとどまり、雌（つまり娘）は親の縄張りから離れた場所に移動する。そうすれば、親子や兄弟姉妹同士の間で交配が起こる可能性は低くなる。

ある種のサンショウウオやカエルの幼生では、体表から染み出る物質のニオイによって、相手が血縁個体かどうかを識別する。そして交配を避ける。

植物での近親交配は、「一つの花のなかの、おしべにできた花粉が、めしべの先について、花粉管がのび、花粉管のなかの精核が、めしべのなかの卵細胞と受精すること」である。いわゆる自家受精である。

野生の植物のほとんどでは、同一の花の花粉がめしべの先についても花粉管がのびないような仕組みが備わっており、そうして自家受精を防いでいるのである。

「もしナガレホトケドジョウが一つの〝水たまり〟で一生を過ごし、繁殖もそこで行なうとしたら、それはそれで生物学的に困った問題が起こってしまう」……と言った意味をわかっていただけただろうか。

もし、同じ〝水たまり〟から移動せず、繁殖もそこで行なったとしたら、兄弟姉妹たちもそこで育ち、どうしても近親交配が発生してしまうのである。

一方、その谷川全体で、ナガレホトケドジョウたちがずっと絶えることなく生息しているということは、ナガレホトケドジョウたちは、〝水たまり〟の間を行き来しているということを示唆している。

繰り返しになるが、Ｍｔくんは、その「〝水たまり〟の間の行き来」、特に「下から上への移動」を検証しようとしているのである。

さて、ここまでの話は、いわば前置きである。ここから始まるのは、〝春のある日〟に、Ｍｔくんの研究のために、Ｙｓくんと私が同行してやって来たナガレホトケドジョウの棲む谷川で、私に起こったある出来事である。

それは、今、思い出しても、**身の毛もよだつような恐怖の体験**であった。

でもその出来事のあと、私は、その恐怖の体験を、一つの**生物学的な仮説に昇華**させようという、科学者の鑑のような展開に導いていくのである。

「なぜ人は特定の動物（ヘビは別格であるが、人によってはカエルやミミズなど）に極度な嫌悪感を抱くのか」、また「都会育ちの若者たちが、イヌやネコには大変な親和性を示しながら、一方で、イヌやネコと同じ動物である虫たちには、強い嫌悪感を示すのはなぜか」といった疑問に対しての生物学的仮説である。

まずは、私に降りかかった出来事から。

長年、ナガレホトケドジョウとつきあってきた私は、ＭｔくんとＹｓくんに、得意気に、ナガレホトケドジョウの捕獲の仕方を、実演をまじえて説明した。「水際の石の下にもぐる習性がある魚なので、底面を掘るくらいの気持ちで網を動かして、砂ごとすくい上げなければナガレホトケドジョウは捕れない」……みたいなことを。そして、そのためにも、フレームが大きめで丈夫な、値段の高い網を用意していた。

もちろん素直なＭｔくんやＹｓくんは、私の指導どおりに、底面を掘るくらい力を入れて水をすくい、採集に励んでいた。ちなみに、それから数カ月して、Ｍｔくんは、独自の捕獲方法を編み出し、金魚すくいのような、軽〜〜いやり方で、効率的にナガレホトケドジョウを捕獲するようになった。私の捕り方が〝剛〟だとするとＭｔくんの捕り方は〝柔〟と言えばよいのだろうか。私は脱帽し、大変貴重な勉強をさせてもらった。

でも、とにかくその日は、私はもちろん、ＭｔくんもＹｓくんも、川底の砂もすくい上げるほどの〝剛〟の捕獲法で捕りつづけ、今考えると、**それがあの出来事を生んだのだ**と推察するのだ。

私が、ナガレホトケドジョウ捕りを中断し、岸に上がって、何か作業をしているときだった。後方からＹｓくんの、叫ぶような大きな声が聞こえた。

「なんだ、これは！」

何事かと思って**駆け寄った私が見たものは、**なんと、Ｙｓくんが持ち上げた網のなかで、砂にまじって体をよじっている、大きな大きなミミズだったのだ。

なんでよりによって、谷川の水のなかに、ミミズがいないといけないのか。それもこんなにも大きなミミズが！

写真で見たらそれほど大きくは感じないかもしれないが、その場にいたら、そりゃー、かなりびっくりしたことは請け合いだ。

ミミズを特に怖がらないＹｓくんもその大きさに驚いて、ミミズの出現に**心の底から奇声に近い大声を張り上げていた。**

ここだけの話だが、水場でＹｓくんに網を持たせる

Ysくんの網に入った大ミミズ。人差し指くらいの太さ、40～50cmもある！

と、ちょっと注意が必要だ。あるときなどは、平野部の樋門《ひもん》の前の水場でスナヤツメを採集していたら、やはり奇声を発して騒ぎ出した。私が網をのぞきこむと、なんと網のなかに、イタチの子どものドザエモン（水死体）が入っていたのだ。

谷川の水の底からミミズ⁉　それも、ヌルッとして一部が青黒く光る体をよじる巨大なミミズである。

私はそんなミミズの姿を冷静に受けとめることなどできなかった。

そう。**私は、大きなミミズが大変怖いのだ。**動物のなかで最も怖いと言っても言いすぎではないだろう。子どものとき、雨の日に、粘液と雨水とで体がてかてか光り、ピンピンと跳《は》ねる大きなミミズに、家の側で突然出合ってからというもの、大きなミミズを見ると背筋がぞーーっとするようになってしまったのだ。なにか、巻きつかれるような感じもして、とにかく怖いのだ。

ちなみに、そんな私も、大学に勤めるようになってから二度ほど、厳しい試練に耐えて、少しだけ大きなミミズに対しては、直視し、手にも持てるほどの力を獲得したことがあった。

一度目は、もう八年ほど前になる。ゼミの学生だったＨｍくんが、卒業研究でミミズの研究をしたい、と言い出したときだった。

Ｈｍくんは、なんと、大きなミミズが（小さなミミズも）大好きで、ミミズの種類と生息地の特性との関係を調べることになったのだ。

まずはＨｍくんは、大学の周辺の、カシやシイの常緑林、コナラやクヌギの落葉樹林、アカマツの林、草地、といった異なった植生地で、一メートル四方の広さの穴を垂直に掘っていき、ミミズを見つけようとした。そうすれば、どんな植生の土中の、どれくらいの深さに、どんな種類のミミズが生息するかがわかるかもしれないと考えたのだ。筋力も使う、結構、ハードな作業だった。

私も最初のころは、適切な方法を模索するために、Ｈｍくんと一緒に現場で作業をした。そしてそのとき、思ったのだ。

これもなにかの縁だ。これを期に、生物としてのミミズの生態的な面白さを感じとり、**大きなミミズにも動じない心を養おう、**と。

確かに、ミミズを、土中生活に適応した一つの動物種として観察すれば、なかなか興味深い対象だ。そのように思いながらミミズと接していると、少々大きなミミズを野外の土中で発見しても、また、Ｈｍくんが実験室に持ち帰ったミミズを見ても、**パニックを起こさず対処でき**

るくらいにはなっていた。

しかしＨｍくんの研究が終わり、私もミミズと生物学的なふれあいをしなくなるにつれて、徐々に、「大きなミミズ」恐怖症も少しずつもとにもどりはじめた。一年もすると、やはり大きなミミズのことを思うと、**背中がぞーっとするような体質**にもどってしまったのである。

二度目にミミズ恐怖症と戦ったのは、大学の敷地内（コンクリートで囲まれた砂利のなか）でモグラを保護したときだった。学生実習で、浜辺で採集してきた海藻まじりの砂を実験室で分別し、調べおわった砂まじりの有機物を大学の裏口の斜面に捨てていたとき、どういうわけか、砂利のなかを移動するモグラを発見したのだ。

最終的に、私がモグラを保護し、元気になるまで、実験室で飼ってやることにした。モグラの飼育のためには当然のことながら〝餌〟が必要になる。そして、モグラの餌は、なんと言ってもミミズ（！）である。

その日から、**私のミミズ探しが日課になった。**

やがて私は、かわいいモグラのために怖さを押し殺し、ミミズがいそうなキャンパス内の木の根元（そこには刈られた草が、肥料がわりに積まれていた）を、手袋をはめた手で掘り返すようになっていた。

たいていは、比較的大きなミミズが、湿って積み重なった枯れ草のなかから勢いよく飛び出してきた。そのミミズの姿は、恐怖と同時に、モグラの餌として輝いて見えた。

最初はおそるおそる、やがて、ミミズを喜んで食べるモグラに大きな力をもらい、ミミズへの恐怖心が和らいでいったのだ。それどころか、ミミズを見ると、私が喜ぶほどにまで成長していったのである。

しかし、その状態は長くは続かなかった。

モグラを野に放してやってからは、ミミズに触れる機会も減り、なによりミミズを喜びに変えてくれる力が消滅し、気がつくと、もとのミミズ・恐怖・少年にもどっていたのである。

Ysくんが谷川で、こともあろうに大きな大きなミミズをすくい上げたとき、私は明らかに**「ミミズ恐怖症」に襲われた。**でも一方で、ナガレホトケドジョウの谷川で研究的探索のモードに入っていた私は、谷川の水の底からすくい上げられた**巨大なミミズに興味をそそられた**ことも確かだった。

未知の生物に出合ったときの研究者のさがとでも言えばよいのだろうか。背筋がぞーっとする恐怖感を感じながらも、その正体をしっかり見きわめたいという衝動に駆られたのだ。

私はＹｓくんに、谷川から出て、岸の斜面を少し上がったところにあった平地に移動するように言った。Ｙｓくんは、あいかわらず、**「でかーっ、でかーっ！」**とか「なんでこんなもんが谷川にいるんだ！」といった言葉を連呼しながら、網を持ち上げたまま岸を登ってきた。

そして平地に下ろされた網のなかの大ミミズを、われわれ三人はじっくり観察しようとしたのだった。

ところが次の瞬間、**事態は急転した。**

大ミミズが、地面に置かれて静止した網のなかから、周囲の砂利や石をダイナミックに乗り越えて、**脱出したのだ。**もちろん私は後ろへ飛びのいた。飛びのいて、大ミミズの動きを固唾《かたず》をのんで注視していた。

するとなんと大ミミズは、まっすぐに斜面を下って、谷川のほうへ移動していくではないか。すかさずＹｓくんが、**「ミミズがもとの場所に帰っていく！」**と叫んだが、私もその言葉に妙に納得した。

この、なんとも恐ろしい大ミミズのことだ。**なにか揺らぎない意志をもって行動しているようなオーラ**を感じさせたのである。

大ミミズは直進した。

草や石を越え、ミミズ特有な、体節をのばしたり縮めたりしながら、あるいは巨体をS字によじりながら、まっすぐ谷川に進んでいった。このまま谷に達し、水のなかに没するのだろうか。

私は、その様子が見たくて先まわりし、大ミミズが棲んでいたと思われる〝水たまり〟の下に構えていた。

さて、大ミミズがやって来た。予想どおり、〝水たまり〟に入水する進行ルートだ。よし、間もなく水に入るぞ。入ったら、それからどうするのだろうか。水底の砂のなかにもぐりはじめるのだろうか。**コワコワ、ワクワク。**

ところがだ。大ミミズは、そうはしなかったのだ。

なんと、頭（生物学的に言えばミミズに〝頭〟はないがあえてそう呼ばせてもらおう）が水に達する直前に、進路を九〇度変えたのだ。直角に変えた進行方向の先には……**そこには、私がいたのだ。**

つまり、大ミミズは、谷を下るような進路を取り、少し下でこわごわと様子を見ていた、私（！）に向かって進んできたのだ。

読者の方は、ヌルッとして一部が青黒く光る体をよじる巨大なミミズが、自分のほうへせまってきた、という体験をされたことがおありだろうか。**ちょっと倒れますよ。マジ。**

しかし……、人間というのは、ミミズに負けないくらい複雑なところがあるのだ。水に入ると見せかけて、直角に曲がったミミズのように、私も、逃げようと思ったが、突然別の思いがわき上がってきたのだ。

その思いというのは、自分をめがけて谷を下ってくる、この**〝倒れる〟ほど怖い大ミミズ**を、正面から活写してやろう、というものだった。

大スクープをねらうジャーナリストが感じる思いに似たものがあるのだろうか。

いや、写真を撮って、あとで誰彼となく見せ、怖さを共有し、かつ自慢したい、といったような思いもあったと思う。とにかく私は、大ミミズと（もちろんかなり距離を置いて）向き合った。そして撮ったのが、次ページの写真である。多少ぶれているが、それはしかたない。

読者のなかには、写真を見て、「そんなに大したことじゃあないじゃないの」と思われる方がおられるかもしれない。

甘い！

写真をよく見てみよう。私に対し、いかにも**「襲ってやろうか」**とでも言わんばかりに、先端の節々をのばした容姿は、もし現場にあなたがおられたら、**……ちょっと倒れますよ。マジ。**

さて、まー、大ミミズの話はこれくらいにしよう。力が入ったので、正直、ちょっと疲れた。

ここからは、冷静に、研究者の頭で、「特定の動物を非常に怖がる」という私のような気の毒な人間の精神特性について、動物行動学的に考えてみたい。

（ヘビは別格なので、あとで詳しくお話しするとして）人から極端に怖がられる、嫌がられる動物をあげろと言われたら、まー、家のなかで出合う「ゴキブリ」と

大ミミズは、網のなかから脱出し、草や石を乗り越えて、谷川のほうへ直進した

か「ネズミ」とかがあげられるだろうか。これには、逃げ場が少ない〝家のなか〟という、出合う場所の状況も関係しているのかもしれない。一方、あまり知られていないが結構、怖がる人が多いのが「カエル」である。それと意外に怖がられることがあるのが「鳥」である。

「鳥」のほうからお話ししよう。

もう六年くらい前になるが、ゼミ生のＦｈくんと、卒業研究のテーマを決める話をしていて、次のような結論にいたった。

Ｆｈくんの友人に、とてもとても鳥を怖がる学生がいるので、「鳥嫌いの人物はなぜ鳥が嫌いか、そしてどうすればその鳥嫌いは直るか」というテーマにしよう。

Ｆｈくんは、環境教育に興味があったので、そのテーマは環境教育にも多少は関係しているし………、ということで決定したのだ。私は、それはとても面白い研究になる可能性もある、と、ほんとうに思ったのだ。

Ｆｈくんは、さっそく、実験に取りかかった。

まずは、鳥恐怖症のＴくん（私は名前を知らないので仮にＴくんとしておこう）が、鳥の、どんなところに反応しているのかを調べるために次のようなことを行なった。

Tくんにゼミ室の壁際に立ってもらい、そこから一メートルほど離れた場所から、さまざまな鳥の写真がアップで載っている鳥の図鑑のページを一枚ずつめくってTくんに見せ、怖さを感じる程度を1~3の三段階で答えてもらった。Tくんが〝3〟と答える鳥の写真に共通している特徴を見出せば、求めるものが見えてくるというわけだ。

Fhくんのねらいは結構うまくいき、第一回目の実験ですでに、興味深い結果が得られはじめた。

Fhくんの報告によると、Tくんは、毛がふさふさした、文字どおり毛羽立ったような羽の鳥に対して〝3〟と答えるという傾向が現われてきたというのだ。

私は、**これはなかなか面白い**内容だと思った。研究を続けていけば、そのほかの要素も含めて、Tくんが怖がる特性がよりはっきりしてくるかもしれないし、なぜTくんが、その特性を怖がるかにも踏みこんでいけるかもしれない。そうすれば、Tくんの鳥恐怖症の改善の方法についても何か案が浮かぶかもしれない。

私はFhくんを励ました。

ところが残念ながら、Fhくんの研究は、その後間もなく終わりを迎えることになった。

理由は、………Tくんが**「もう勘弁して」**と、被験者としての役割を降りたいと強く希望したからだという。

恐るべし、鳥恐怖症。

Tくんには、かなりな心的負担がかかっていたということだろう。その気持ちは、私にも理解できる気がした。大きなミミズの姿態のさまざまなアップの写真を見せられつづけたら、私も言うかもしれない。「もう限界、勘弁して」

強烈な、「カエル恐怖症」の人物も何人か知っている。

たとえば、………大学の事務局のMoさんは、それはそれはカエルが嫌いだ。相当、恐れている。

ところがだ。Moさんは、仕事柄、大学の図書館の本を扱わなければならない。時には、私が書いた、新刊の本を手に取らなければならないときがあるのだ。そして、私の「先生！シリーズ」の表紙には、結構、カエルの写真が登場するのだ。最近は、連続して登場した。二〇一三年の本では、〝裏〟表紙だった。

Moさんが言われるには、こっちのほうは、正しく置けば、下側に隠れて見なくてすむ（裏表紙なので）。しかし二〇一四年の本では、もうそういうわけにはいかない。〝表〟表紙なので、もう見るしかない。見えてしまう。きついです。

Ｍｏさんによれば、**Ｍｏさんを特に苦しめるのは、**表面がヌルッとした感じのカエルだそうだ。………まさに、二〇一三年、二〇一四年、いずれの本のカエルも、ヌルーーーッなのだ。

さて、私は、動物行動学的視点からしばしば考えるのだ。

「ヒトはなぜ、ある動物に対して、背中がゾッとして汗が出るような、独特の恐怖感を覚えるのだろうか」と………。

特定の対象に対して、こういった恐怖感を覚える現象を、精神医学では「特定恐怖症」と呼ぶ。現代医学をもってしても治療はとても難しいという。

「先生！シリーズ」のカバーには、結構カエルの写真が使われている。しかも表面ヌルッ系のカエルだ。カエル恐怖症の人にはつらかろう

私は、「私にとっての大ミミズ」「Mｏさんにとってのカエル」「多くの女性にとってのゴキブリ」は、特定恐怖症そのものではないが、それに準ずる、そして、その進化的理由も似通った基盤をもつ現象ではないかと考えている。

興味深いことに、**特定恐怖症の対象になりやすいもの**は、われわれ**ホモ・サピエンスの命を脅かす**可能性が高い動物や事物であることが知られている。ただし、その〝ホモ・サピエンスの命を脅かす〟ものは、現代《いま》のホモ・サピエンスの環境において〝命を脅かす〟ものではなく、二〇万年におよぶホモ・サピエンス史の九割以上を占める狩猟採集時代の環境において〝命を脅かす〟（正確に言えば〝命を脅かした〟）ものであることも知られている。

たとえば、ヘビ、猛獣、クモ、暗所、雷、高所、閉所、水流などである。

現代の先進国で命を脅かすものは、ヘビや猛獣ではない。自動車や電気、ナイフ、銃（特にアメリカ）………である。でも、〝現代の先進国〟の人びとであっても、そういったものが特定恐怖症の対象になることは非常にまれなのだ。やはり、ヘビ、猛獣、クモ、暗所、雷、高所………なのだ。

ちなみに現在、狩猟採集を生活の一部にしている世界中の自然民の多くが、死亡の主要な原因の一つにあげるものが、ヘビ（特に毒ヘビ）なのだという。

これらの事実が意味することとは、動物行動学の根本的な原理ともよく一致する。

その原理とは、**「ヒトの脳（の作動の仕方）は、ヒトという動物本来の生息環境において、生存・繁殖がうまくいくようにプログラムされている」**という知見である。

最近は、ヘビだけに特別強く反応する神経も、サルで見つかっており、ヒトの脳でも、同様な神経、そして、その神経系の形成を指定する遺伝子が存在することが示唆されている。

もちろん、いくら〝ヘビ反応神経系〟の遺伝子があるからといっても、それらの遺伝子がどれほど敏感な〝ヘビ反応神経系〟を発達させるかは、一人ひとりで異なるだろう。笑いを生み出す神経系や、それを設計する遺伝子は確かに存在するだろうが、胎児期や幼児期の成長とともに形成された〝笑い神経系〟の細かい性質は、一人ひとりで異なっており、よく笑う人と、あまり笑わない人がいるのと同じことである。

ただし、たとえば世界中の人びとのなかで、一度も実際のヘビに出合ったことがない人も含めて、ヘビをとても恐れる人びとが、ほかの動物を怖がる人より、圧倒的に多いことは確かなことなのだ。


さて、「私にとっての大ミミズ」「Ｍｏさんにとってのカエル」「多くの女性にとってのゴキブリ」といった、特定恐怖症に似た反応の理由である。

私は、これらの準特定恐怖症は、「狩猟採集時代には、われわれの生存・繁殖を有利にしてくれた脳の性質（それらをわれわれ現代人は、遺伝子として受けついでいると考えられる）が、一種の誤作動を起こして発現しているのではないか」と考えている。

私がそのように考える理由のいくつかをお話ししよう。少し理屈っぽくなるがご勘弁を。

(1) 私の〝大ミミズ〟の場合も、Ｍｏさんの〝カエル〟の場合も、相手が小さければ、（私もＭｏさんも）恐怖はほとんど感じない。多分、大きいということは、それだけ、われわれに与えるダメージも大きいにちがいない。つまり、ミミズ、あるいはカエルならなんでも怖いというわけではなく、（私やＭｏさんの）脳は、**相手の危険度をちゃんと（無意識のうちに）計算**して恐怖反応を起こすかどうかを決定している、ということなのだと思う。つまりは、危険度が高いと判断したものに反応している、ということではないだろうか。

(2) 怖がられる、あるいは嫌われる動物は、実際に、少なくとも潜在的には、われわれに**ダメージを与えるような性質を秘めている**場合が多い。たとえば、ミミズやカエルといった動物は、体の表面が濡れており、実際、こういう体表の〝濡れ〟には、その動物が身を守るための有毒な化学物質が含まれている場合が多い。われわれの脳は、無意識のうちに、そのような潜在的な危険性に反応しているのではないだろうか。

以前、私が大学生を対象にして行なった調査の結果も、同様な推察を支持している。調査では、三〇〇人程度の学生に、私がリストアップしたさまざまな虫のなかから嫌いな虫ベスト3を、順序とともにあげてもらったり、その虫が嫌いな理由を答えてもらったり、小学校時代までの虫とのかかわりについて答えてもらったりした。

その結果、嫌がられる虫として最も多く選ばれたものは、ゴキブリのほか、ケムシやムカデ、ハチといった、実際に被害を受ける可能性が高いものだった。ゴキブリが嫌いな理由としては、「素早くこっちに動いてくるから」といった内容が一番多かった。私は、ゴキブリが嫌われる理由について、とても共感できた（もちろん私はゴキブリはまったく怖くはないけれども）。家のなかという、あまり逃げようがない空間内で、ササッと動くということが、自分の身の危険を感じさせ、恐怖心に結びついているのではないかと推察している。

(3)　特定の動物を怖がるようになったきっかけは、**「子どものころ」**であることが圧倒的に多い。Ｍｏさんの場合もそうだし、私の場合もそうだ。⑵で紹介した、大学生への調査の結果でもそうだった。

その理由として私は、「子どものころは、成長後に比べ、運動能力や判断力といった点で、動物からの被害を受けやすい時期だから」ではないかと考えている。

「幼いころ、一度でも、ある動物から潜在的な危険を感じさせられたら、その動物のことを強く心に刻み、以後は、とりあえずは避けるようになる」ことは、その子どもの生存・繁殖にとってとりわけ有利なことではなかったかと思うのである。たとえそれが勘違いであったとしても（Ｍｏさんや私の場合のように）、そういった性質の脳をもつヒト（子ども）は、そういう性質のないヒト（子ども）より生き残るチャンスは高かったのではないだろうか。少なくとも、狩猟採集時代には、Ｍｏさんや私のような反応は、実際に毒性をもったカエルのような動物やミミズのような動物から、身を守ることにつながったのではないだろうか。

では、最後に、準特定恐怖症をもう少し軽くした、しかし、性質としては共通した働きをもつと考えられる**〝現代人の虫嫌い〟の理由**を考えてみたい。先進国の、自然との接触がきわめて少ない人たちにおいて見られる、虫全般に対する顕著な嫌悪反応……についてである。

私は、〝現代人の虫嫌い〟の理由を、次のように考えている。

本来は適応的（生存・繁殖に有利）だった脳の特性が、自然とのふれあいを体験できなくなったために、成長後も未発達のまま残ってしまった状態。

ちょっと説明しよう。

〝虫嫌い〟の現代人が、虫を前にして感じる心理を言葉で表現すると、多くの場合に当てはまる言葉は、「気持ち悪い」だそうだ。先にお話しした、大学生を対象にした調査でも、〝虫嫌い〟の多くの学生は、虫に対する感情を最も的確に表わした言葉として、「気持ち悪い」を選んだ。

狩猟採集時代において、子どもが、野外ではじめて出合う、つまりその性質をよく知らない虫にむやみに手を出すのをためらうことは、生存・繁殖にとってよいことである。その虫が、とても危険な性質をもっている場合もあるからだ。

そして**「手を出すのをためらう」**ようにさせるためには、**脳が「気持ち悪い」という感情を生み出せばよい**のだ（水を飲むという行動を行なわせるためには、喉が渇いたという感情を生み出せばよいのと同じことだ）。

ただし、「気持ち悪い」という感情だけを続かせて、虫を嫌う状態がそのまま続くのもよくない。それは自然のなかで生きていくことにとって不利である。

だから、脳が、「気持ち悪い」という感情と**同時に、「虫に対する強い興味関心」も感じる**ようになっておけば、狩猟採集時代を生きる子どもにとっては、ベストではないだろうか。**気持ち悪いけど気になってしようがない、**といった状態をつくり出すのである。

そのような脳をもった子どもは、虫を見たら、注意・警戒を怠らずに虫をよく観察し、それがほんとうに危険なことをするのか、まったく無害なのか、そもそもどんな習性をもっているのか、食料になるのか……等々について探るだろう。なにせ、狩猟採集生活のなかでは子どもたちは、絶えず多くの虫と出合ったはずだ。虫に関する知識はどんどん増えていったにちがいない。

私は毎年、大学の近くの小学校から依頼されて、二年生四〇人ほどの子どもを虫とり（そして食べ物と棲みかを備えた飼育箱をつくる）に引率している。学生たちにも手伝ってもらっている。

そこで見る子どもたちの姿のなかに、まさに「気持ち悪いけど気になってしようがない」という状態の子どもをたくさん目にする。もちろん、虫のことをよく知っていて、害のない虫をどんどん追いかける子どもも多いが。

先生方によれば、小学生たちの虫に対する関心は並々ではないという。ただ一方で、怖さも感じている子どもも、特に女の子に多いという。

私は、そういう彼らのなかに、狩猟採集生活に適応した子どもの心理構造、成長のプログラムのなかに準備された子どもたちの心理構造を見る気がするのである。

本来の環境（つまり狩猟採集時代の環境）では、小学校くらいの時代までに、子どもたちは虫たちについて膨大な知識を手に入れ、「気持ち悪い」という感情から、虫の種類それぞれについて、個別の正体を知ったうえでの個別の感情（この虫は驚くと頭部を振って音を出すがまったく危険はない、とか、この虫はつかまれると口から黒い液を出し、その液が皮膚に触れるとひどくかぶれるので注意が必要だ、等々）をもつようになるのではないだろうか。

ところが現代の多くの社会では、子どもたちは、学校でも家でも自然に接する時間はとても少ない。自然豊かな山村で育った私でさえも、本来の狩猟採集時代の子どもたちと比べれば、虫との接触は量と質において大きく劣っているだろう。その証拠に、私が狩猟採集時代に育っていたら、ミミズのような虫とも頻繁に接触し、〝大きなミミズ〟恐怖症などやがて消えていただろう。

　まして、たとえば、現代の日本の大半の子どもや大人は、私よりも虫たちと接する機会は少なかっただろう。

　本来、多くの虫についてたくさんの情報を吸収する小学校までの時代に、自然と濃密に接する機会を奪われたとき、あとに残るのは、虫一般に対して抱いていた「気持ち悪い」という漠然とした感情なのではないだろうか。こうして〝虫嫌い〟のでき上がりというわけだ。


　冒頭の、「春のある日」から半年ほどたったころ、「大学から車で三〇分ほどの場所にある谷川」の近くの谷川に、ナガレホトケドジョウの新たな生息地を見つけるべく、Ｍｔくん、Ｙｓくんと一緒に出かけた。

　残念ながら、新たなナガレホトケドジョウの集団は見つからなかった。

　みんな疲れて足どりも重くなったころ、Ｍｔくんとｙｓくんが、ニヤニヤしながら私の目の前に突然網を差し出した。なんとそのなかには、「春のある日」に、「大学から車で三〇分ほどの場所にある谷川」で出合った大ミミズと同種と思われるミミズ（色といい表面の状態といいそっくりだった。ただ、少しだけサイズが小さかった）が入っていた。

私は、やはり、その場から飛びのいたのだった。

怖い！　気持ち悪い！という感情が全身を駆けぬけた。

狩猟採集人にはまだまだ、**まだまだ修行が足りない**ということだろう。

後ろから二人の笑い声が聞こえた。

ドンコが水面から空中へ上半身を出すとき

愛すべき、ひたむきで屈強な魚

読者のみなさんは、「ドンコ」という魚をご存じだろうか。
日本固有のハゼ類であり、体長は二〇センチを超えるまでに成長する。
以前、魚好きの学生たちが取ってきたドンコは、二六センチもあった。二六センチのドンコ。
圧巻だった！

私の経験では、ドンコは水質の悪化や、コンクリートの護岸化といった環境破壊に対して結構な抵抗性をもっている。ほかの魚類がまったく見られないような水場でも、（魚はいないと思うけど）一応は網でも入れてみようか、と思った網のなかに……入っているのだ。**「オマエさんはなんでこんなところを泳いでいるの。体、こわすよ」**としゃべりかけたことも何度もあったのだ。ホントニ。

なかなかわかりやすい魚でもあり、ほかのほとんどのハゼ類が、川と海を回遊するのに対し、ドンコは一生を川だけで過ごす。**シンプルな生活が好き**なのだろう。

行動面でもわかりやすさは健在だ。

水中で捕まえようとすると、力いっぱい、激しく逃げまわるが、水から外に出すと、まったく、じたばたしない。〝物体〟のように、与えられる力だけにしたがって、曲がり、傾き、落下する。鱗の性質によって、体の表面がザラザラしていることも手伝って（体を持っても滑らないのだ）、水の外ではまことに扱いやすい。

水中でも、体にさわられないかぎり、じーっとして動かない。体色が水底の石や砂の模様と似ており（体色変化によってさらに隠蔽的な効果は増す）、敵から逃れたり、逆に、餌が自分に気づかずに寄って来るのを待っているのだろう。

一方で、魚や甲殻類など、餌が近くに来ると、電光石火の早業で大きな口を開けて獲物に食らいつく。

静と動をきっぱりと使い分ける、メリハリのある、つまりは、わかりやすい魚なのである。

ミズムシをパクッと食べた成人前のドンコ

私がドンコという魚に、ちょっとした愛着を感じるようになったのは、晩春の夜、**懸命に子守**（正確には卵守）**をする雄のドンコ**を見てからである。

夜の一〇時ごろだった。私は、調査フィールドにしていた、大学から車で二〇分ほどの河川敷を流れる小川で、アカハライモリを調べていた。水深一五センチほど、幅四〇センチほどの、緩やかな流れの小川だった。その水場で、ライトを当てながら、特にそのときは雌雄のふるまいの差に注目して調べていた。

ちょっとだけその話に触れておくと……、雄は雌より頻繁に、水際の植物の茂みから流れの中央部へ出て、餌を求めて散策しているのだ。ただし、それは単に餌探しのためだけではないと私はにらんでいた。おそらく、雄は、時々流れの中央部に出てくる雌を、ほかの雄よりも早く見つけて接触し、求愛行動を行おうとしているのだ。雄が雌の鼻先で尾を振るアカハライモリの求愛は、流れの中央部でなければうまく行なえないのである。

そのためには、（流れの中央部に長時間身をさらすのは、夜も行動するイタチやサギ類などの天敵からの攻撃を受けやすくなり、危険であるにもかかわらず）頻繁に流れの中央部に出ていなければならない……、そう予想していたのだ。

ちなみに、シベリアシマリスやマーモットなどの冬眠する哺乳《ほにゅう》類や、カスミサンショウウオヤブチサンショウウオなどの両生類たちは、雌よりも雄のほうが、早く冬眠から覚めて活動を始めることが知られている。私が調べたかぎりでは、アカハライモリもそうだ。

その理由は、早く目覚めたほうが、早春から始まる繁殖期に備え、（ほかの雄に先んじられることなく）よりたくさんの雌に求愛できるからだと考えられる。

なかなか雄も大変なのである。

ドンコの話にもどろう。

夜の河川敷の小川は、**静かで賑やかで**（！）、**暗くて明るくて**（！）、独特の世界だ。昼間の、車の騒音のような人工音がない。だからこそ、昼間には聞こえない川の流れや動物たちの鳴き声がくっきりと浮き上がって耳に届く。

あたり一面、闇に包まれ、そのなかに、遠くの街灯の光や私が照らすライトの光が、せまい空間にくっきりと浮かび上がる。時にホタルが、小さな、でもはっきりした光の軌跡を残しながら、小川に垂れ下がった植物の間を飛び交う。

そんな「静かで賑やかで、暗くて明る」い世界を、私は、水中のイモリを探し、記録しながら小川にそって歩いていく。

あるとき、水底を、何か大きなものが、すっと動くのが見えた。見えたというか、感じたというか。一瞬のことだ。私は、「大きなもの」をライトで追い、間もなく、光の円の中心にそれをとらえた。背中に泥をかぶった大きな魚のように見えた。

ドンコだ!

体を泥が覆っているし、水と暗さが判断をじゃましたが、ほぼ間違いなくドンコだ。二〇センチはゆうに超えているだろう。

それは私にとってちょっとした驚きだった。なにせ幅四〇センチほどの小さな水場である。そんなところによくもこんな大きなドンコがいたものだ。**いったいアナタはどこから入ってきたの……。**

もちろん、私は捕獲モードに入っていた。

ライトの柄《え》を口にくわえ、手を水中にゆっくり沈めていった。ドンコ(らしきもの)の両側から、スコップのような格好にした両手を、静かに、しかし渾身の力で、水底の泥のなかに押しこんだ。スリルとサスペンスの時間が過ぎていく。

慎重に、慎重に。

ところが次の瞬間、獲物は、泥の煙を派手に巻き上げてどこかへ姿をくらました。

でも私はあわてない。

こんなときはどうするかよく知っているからだ。泥煙が沈んで視界が晴れるのを待てばよいのだ。

はたして、しばらくすると泥煙は収まり、水底が見えるようになった。そのかわり、ドンコの姿はあたりに見えない。が、ドンコが消えた場所の近くに大きな石が見つかった。見るからに怪しい石が。そして、**私のなかの狩猟採集人は、即座に言ったのだ。**「石の下を調べてみろ」と。

ゆっくりと石を持ち上げ、裏返しにした私は、そこに見えたものに一瞬たじろいだ。そこには思ったとおり、雲隠れしたドンコがいたのだが、私をたじろがせたのは、裏返しにした石の裏面

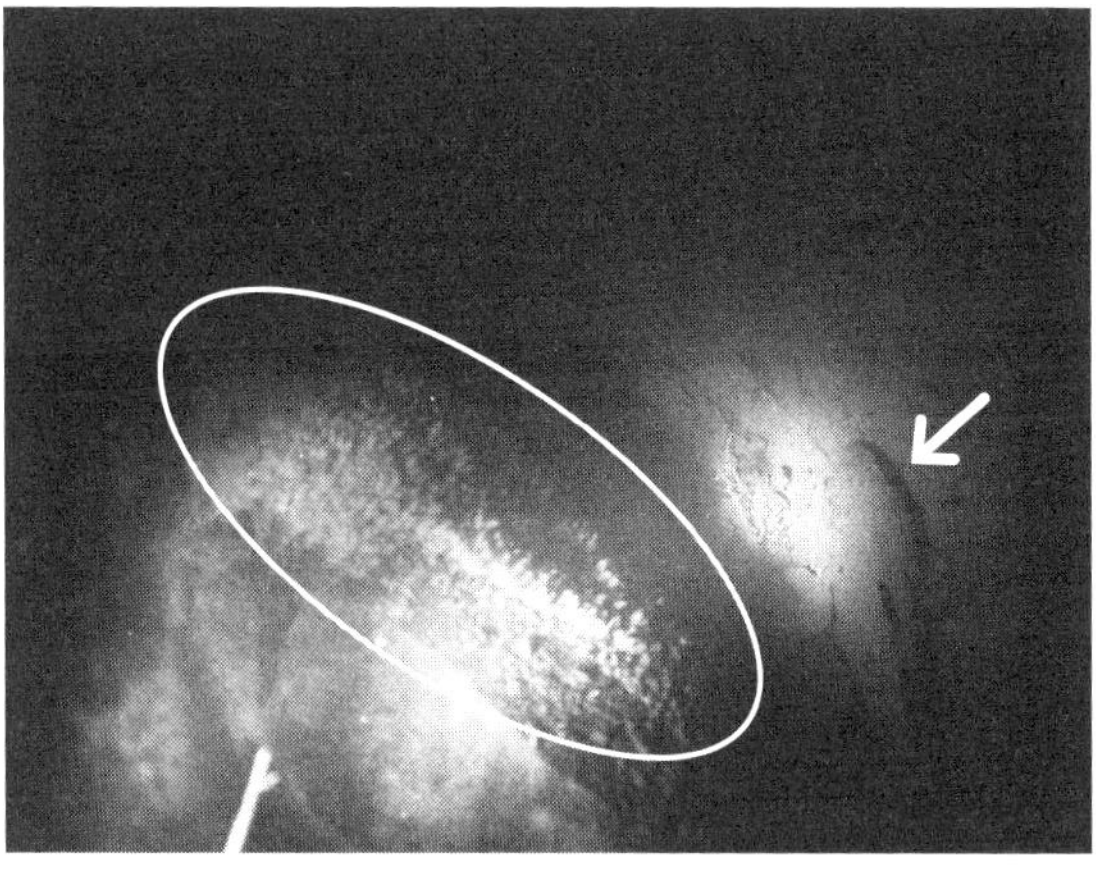

ドンコを捕獲しようと水に手を入れると、ドンコは泥煙を巻き上げて姿をくらました。泥煙が収まってから、いかにも怪しそうな石をひっくり返してみると、裏にはドンコの卵がびっしりついていた(○のなか)。矢印の先に泥をかぶったドンコ

の不気味な構造物だ。紡錘《ぼうすい》形の粒がびっしりと並んで、石の裏面を覆っていたのだ。

ライトを当ててよく見て、それがドンコの卵であることを確信するのに時間はかからなかった。おそらく石の下で、それに**寄りそっていたのは、雄だ。**大きなその雄が、何匹かの雌に産卵させたにちがいない。

石をはぐられても、雄は逃げようとはしなかった。それどころか、裏返しになった卵の上に乗りかかるような動作を見せた。きっと、雄は卵の危機を感じ、彼なりの懸命な気持ちをそうやって表わしたのだろう。今までも、石の裏のたくさんの卵に、新鮮な水を送ったり、カビの攻撃から卵たちを守ったりしていたのだろう。

大きなドンコがけなげに思えてきた。

ちなみに、最近の研究によって、ムギツクという魚は、ドンコの卵の〝群集〟のなかに、ちゃっかりと自分の卵を産みつけ、卵の世話をドンコに押しつける、という習性があることがわかった。

カッコウが、ホトトギスなどの他種の鳥の巣のなかに卵を産みつけ、抱卵から、孵化《ふか》したヒナへの餌やりまで押しつけてしまう、いわゆる「托卵」の魚バージョンである。

魚の托卵はいろいろ知られており、アフリカの湖に棲むナマズの一種は、シクリッドと呼ばれる、口のなかで卵や稚魚を育てる魚の、なんと口のなかに、自分の卵を（ドサクサにまぎれて）産みつける。シクリッドの卵より早く孵化したナマズの稚魚は、自分の周囲のシクリッドの卵を食べて（！）、シクリッドの口のなかで成長し、時がくると、口から旅立っていくという。まー、いろんな戦略が進化しているというわけだ。

私が見つけた、石の裏のドンコの卵の〝群集〟のなかに、ムギツクの卵が托卵されていたかどうかはわからないが、とにかく私は、その出来事以来、それまでにも増してドンコに愛着を感じるようになったのだ。

そうそう、よい機会だから、ドンコの貪欲さ、というか無鉄砲ぶりを示す写真を、一枚載せておこう。次ページの写真である。

托卵されることを根にもっての犯行ではないだろうが、以前私は、自分と同じくらいの大きさのムギツクを丸呑みしているドンコを見つけた。岸を探った網のなかに入っていたのだ。なんと無鉄砲な。**アナタ、これ腹のなかで消化できるの？**みたいな……。ドンコの貪欲さを感じた。

さてでは最後に、最近私が出合った、ドンコの（私にとっては）ちょっと驚いた行動についてお話ししよう。私は、その行動のなかに、**たくましさと同時に懸命に生きる姿**を感じ、心が動かされたのである。

ドンコの、〝わかりやすさ〟〝しぶとさ〟みたいなものもよく伝わってくる出来事でもあった。

私のゼミのUくんは、「コンクリート護岸の河川にできた中洲はワンドとして機能するか」というテーマで卒業研究をしている。

ワンドというのは、河川敷に、本流から隔離され、あるいは、本流と一部のみ水の流れがつながった状態でできた水場のことである。

多くのワンドは、雪解けや大雨で水位が上昇したときだけ、本流と〝水〟でつながる。

ワンド内は、水の流れがほとんどない穏やかな環境

自分と同じくらいの体長のムギツクを丸呑みしようとしているドンコ（できるかどうかは不明）

で、メダカやタナゴ類、ハゼ類、貝類といった、本流では生息しにくいさまざまな水生動物の棲みかになっている。なかには、ワンドでたくましく育ち、水位の増加で本流とつながったとき、本流へと旅立っていく魚もいる。

人があまり手を加えていない河川では、ワンドに代表されるような多様な環境が存在し、さまざまな水生動物の棲みかになっているのだ。

一方、コンクリートや鉄板の垂直護岸は、そういった多様な生息環境を、一瞬で破棄することになる。

大学の近くには大路川《おおろがわ》という、幅二〇メートルくらいの川がある。大路川は、近代の、河川の直線化とコンクリート（あるいは鉄板）の護岸という、水生生物の生息を無視した痛々しい姿をさらけ出している。もちろん、その人工護岸が、洪水時の災害を防いできたことも事実である。

岸は、水面から一メートルほどの高さにあり、コンクリートと鉄板でできた垂直な壁が両者を隔てている。

ところが、川をたどってみると、上流から流れてきた土砂が護岸近くで堆積し、中洲のようなものをつくっている場所がある。その堆積物の上には、護岸の痛々しい姿を覆い隠すかのように、草が生い茂っているのだ。

私はその近くを通るたびに、「あの中洲は、人工護岸を包みこむようにしてワンドと同じような環境をつくり出しているのではないか」と、密かに考えていた。

もちろん、考えただけではない。一度、中洲まで下りていき、状況の確認もした。**ヘーッ！**と思った。

どのように「ヘーッ！」だったかは、あとでおわかりいただくとして、そうこうしているうちに、私のゼミに、Uくんという、魚や魚とりの大好きな学生が入ってきた。

Uくんと、どんな研究をするか相談したら、

大学の近くを流れる大路川。幅20mくらいで、直線化され、鉄板とコンクリートで垂直護岸されている

Uくんは、魚を採集する作業が入った研究をしたいと言った。**まー、当然だろう。**そこで、私はUくんに、人工護岸に沿ってできた中洲のことを話したのだ。

こうして（つまりUくんは〝中洲〟の話に興味を示し）、先ほどお話ししたようなUくんの研究テーマが決まった。

最初のころは一緒に大路川に通い、鉄板とコンクリートの護岸と中洲がつくり出す細長い水場（以下、護岸&洲・協力水場と呼ぶ）について、構造や水質、もちろん棲んでいる動物たちも調べた。

うれしいことに、メダカやヤリタナゴ、カワムツの稚魚、ツチガエル、ヌマエビ、オオタニシなどがたくさん見つかった。**これは、ワンド**

川をたどると、上流から流れてきた土砂が堆積し中洲のようなものをつくっている場所がある。その上には草が生い茂っている（○のなか）

だ！

調査は、「季節による護岸&洲・協力水場の変化と生息動物の推移」および「さまざまなタイプの護岸&洲・協力水場と生息動物との関係」を当座の目標にした。

前者は、護岸&洲・協力水場に、どれほどのワンド機能があるのかを調べるため、後者は、どんな条件がそろえば、護岸&洲・協力水場が、ワンド的になるのかを調べるための目標だった。

Uくんは、定期的に調査を行ない、大雨のあとの護岸&洲・協力水場を調べたり、晴れが続いて本流の水位がかなり低下したときの護岸&洲・協力水場を調べたりした。小さな、赤ん坊のような中洲と護岸にはさまれた水場を調べたり、中洲と護岸とがかなり離れた状態の護岸&洲・協力水場を調べたりした。まだ結果はまとまってはいないけれど、なかなか面白い知見が得られるものと思っている。

さて、護岸&洲・協力水場の調査では、いつものことながら、途中から、Uくんに負けず劣らず（おそらく勝っている）、結果に興味を感じて**密かに現場を訪れる人物がいた。**もちろん、私だ。

野生生物の環境保全にまったく逆行する垂直人工護岸に、自然が寄りそうようにして生まれた護岸&洲・協力水場が、私には**とても意義深いものに思え、**そこに棲む生物たちにも愛《いと》おしさのようなものを感じたからだ。

そして、そんな護岸&洲・協力水場のいくつかには、……ドンコもいたのだ**（ホント、君ら、どこにでもおるなー）。**

正直なところ、調査でドンコが見つかったときは、**ちょっと心配になった。**大食漢のドンコが、小さな水場でそっと生きる動物たちを、パクパク食べてしまうのではないかと思ったからである。

実際、あるときなど、Uくんが、体長などを測定するために大学に持って帰ったたくさんのメダカを、同じ容器に入れていた一匹のドンコが、……。大学に

“護岸＆洲・協力水場”をひとすくいすると、メダカやタナゴ、ミナミヌマエビなどがとれた

ついて見てみたら、**……メダカの数は減っていた。ドンコの腹はふくれていた。**

そんなドンコではあったが、護岸&洲・協力水場のなかで、ドンコはドンコで懸命に生きていたのだ。

こんなことがあった。

八月中旬のある暑い夏の夜、私は一人で、お気に入りの護岸&洲・協力水場を訪れた。

ちなみに、夏場の護岸&洲・協力水場は、本流に比べ、水温は高いし、水中の溶存酸素量は低かった。

たとえば、その「八月中旬のある暑い夏の夜」は、護岸&洲・協力水場の水温は二六℃（本流は二二℃）、溶存酸素量は一・二mg／L（本流では九・八mg／L）だった。

これは動物たちにとっては、かなり厳しい条件だ。

なかの動物たちは大丈夫かなー、と思って、ライトで水面を照らしながら水中に網を入れようとした。と、そのときだった。

ライトが照らす水面に、ちょっと驚きのドンコの姿があったのだ。

水際の近くの、水中に折れこんだアシの枯れ葉の上に乗りかかり、**上半身をまるまる水面上に出しきったドンコの姿が。**

じつはそういった姿は、大学の水槽で飼っていたとき、たまに見たことはあった。水槽のなかで繁殖したカナダモの上に、からまるようにして、水面に身を乗り出したドンコを。でもそれは人工条件のもとで起こった、アクシデントのような感じで、特に気にもとめていなかったのだ。

でも、そのときは違っていた。なんと言うか、迫力というか臨場感というか、**ドンコの表情が違っていた。**ドンコの顔に、ひたむきさ、懸命さがただよっていたのだ。これは、ドンコという魚がもつ本来の習性なのだ、と確信した。

そして、ドンコは、時々鰓《えら》を動かしながら、私がライトを当てていた約五分間、ずっとその姿勢を続けた。

私の目には、ドンコは空気中の酸素を求めて、〝陸上〟に身を出しているように見えた。そして、この、

アシの枯れ葉に乗りかかり、上半身を完全に水面上に出しきっているドンコ！　空気中の酸素を求めているのだろうか

ほとんどの魚には見られない行動習性が、私が本章冒頭で述べた「私の経験では、ドンコは水質の悪化や、コンクリートの護岸化といった環境破壊に対して結構な抵抗性をもっている」という現象に関係しているのではないかとも思った。

どんな動物も、進化の結果、学習する力も含めて、遺伝子にたくわえられた情報にもとづいて、その姿や行動を発現させる。**進化は、代々命を伝えるための妥協のない出来事**であるから、その結果としての姿や行動が、**「ひたむきさ」**や**「懸命さ」**を感じさせるのも当然のことなのかもしれない。それができなかった動物種は、地球から消えている。

われわれが知らないだけで、現在生きているすべての動物は、潜在的にそういう姿や行動をもっているのだ。

もちろん、その動物のなかには、ゴキブリもいるし、ヒトもいる。

夜の闇に囲まれた、「お気に入りの護岸&洲・協力水場」の岸で、半分上陸したドンコを見つめながら、そんな思索をめぐらす私の姿……ひたむきさがあふれてはいないだろうか。

地面を走って私に近寄ってきたモモンガ

ムササビも生息する
芦津の森にて

昨年（二〇一四年）も、鳥取県智頭町芦津《ちづちょうあしづ》の森では、ニホンモモンガの調査のなか、さまざまな事や物に出合った。

いくつかご紹介したい。

一つ目は、**「地面を走るモモンガ」**だ。

みなさん、モモンガというと、「飛膜《ひまく》を颯爽《さっそう》と広げて、木から木へと滑空する動物」というイメージを思い浮かべられるだろう。

もちろん、それは間違いではない。間違いではないのだが、私は、そのイメージに、一部追加をせまるようなモモンガの一面を、芦津の森で目《ま》のあたりにしたのだ。

その日は、モモンガの巣箱調査に手間どり、もうあたりが暗くなりはじめていた。木に梯子《はしご》をかけて、地上六メートルのところに設置している巣箱のなかや、巣箱の近くに取りつけている自動撮影カメラの映像を調べる作業を、もくもくと続けていた。ライトの光を頼りに梯子をのぼり、点検し、また下りていく。一本の木が終わったら次の木へ、それが終わったら次の木へ………。

あと数本で終わる、と思いながら梯子をのぼろうとしたときだった。一〇メートルほど離れ

地面を走って私に近寄ってきたモモンガ

私の調査フィールド、鳥取県智頭町芦津の森のニホンモモンガ。警戒したときに見られる姿勢で、この姿勢から滑空に移ることもある。ヒゲが意外に長い点にも注目

たところで**何かが動いたような気がしてライトを向けてみた**（念のために言っておきますが、私以外の人間だったら、まず、見過ごしていますよ。暗闇のなかの、ほんとにかすかな動きなのだから。ほんとに）。

ところで、話はがらっと変わるが、「私がなぜ、自然のなかの動物の気配に敏感になったか」………、私はある物と出合って、その理由をあらためて垣間見たような気がした。

昨年の暮れ、実家に帰ったら、父が「おまえが小学生のときに学校で書いたものが出てきた」と言って、二冊のノートを渡してくれた。

それは、**小学校二年生のとき、（おそらく）学校の宿題**として課せられたと思われる日記だった。

私は、四〇年以上も前の自分に会えるようなうれし

帰省したときに父に渡された小学校２年のときのノート

い気持ちでノートを広げた。懐かしい友人や先生や場所の名前もたくさん出てきた。そのなかで、私に一番関心を示させた文章の一つは、次のようなものだった（なにぶん小学校二年生が書いたものなのでわかりにくい部分も多々あるが、思いやりをもって読んでやっていただきたい）。

四月十日　日よう　くもり

やまにいった。それで山のてっぺんいってもみじや木のはがおちているみちにでた。そうしたら、「どっとこどっとこ」というおとがしたので、ぼくは、それで、うしがはなれているのかとおもったら山いぬがうさぎをくわえてはしっていた。

「山いぬ」!?　「うさぎをくわえて」!?

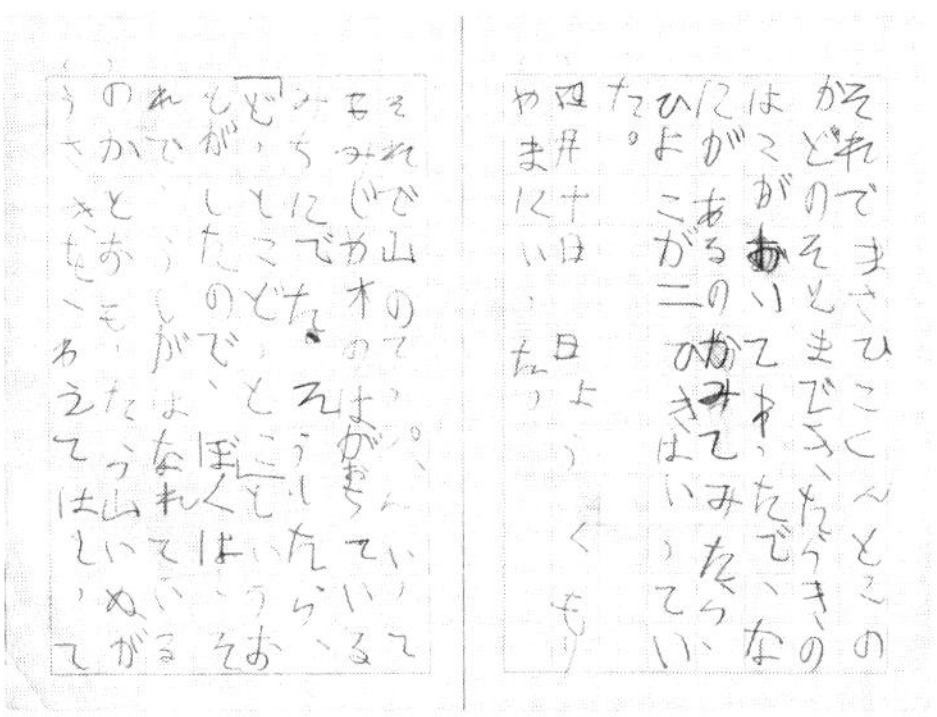

私が自然のなかの動物の気配に敏感になった理由がここに？

なかなか**スリルのある体験**をしたものだ。それにしても、随分と野性に近い環境で育ったものだなーと感慨にふけった（しかし、山いぬとは、……小林少年が獲物にならなくてよかったよ）。

その体験については、今、**まったく記憶にない。**でも、似たような体験で覚えているものはたくさんある。

たとえば、当時、飼っていたトムという名のイヌと一緒に山深く分け入ったことだ。

山深く、はじめての場所で合う風景は、幼い私を不安とワクワク感とが入りまじったような不思議な気持ちにした。時には、帰る方角がわからなくなって、夕闇がせまる山のなかを歩きまわったこともあった。そんなときは、だんだんと感覚が研ぎすまされていって、タヌキやネズミなどの動きにも敏感になる。トムにも励まされながら、子どもながらに全感覚をフル稼働させて自然を読みぬこうとしたのだ。

そうか、そんな体験を繰り返しながら私は育ったのだなーと今さらながら思ったのだ。

さて、それから四十数年たって、モモンガの調査のとき「何かが動いたような気がしてライトを向けてみた」ということだ。

ライトの先に、確かに、**こっちのほうへやって来る小さな動物**が見えた。

私はとっさに、ライトの方向をそらした（直に当てると、動物が驚いて逃げてしまう可能性がある。つまり、光のスポットをずらし、わずかな光量で動物を見きわめようとしたのだ）。

走っていたのは、「うし」でも「山いぬ」でもなかった。

こちらへ（「どっとこどっとこ」ではなく）ヒョコヒョコ走って近づいてきたのは、**なんとモモンガだったのだ。**

モモンガの走り方は、リスやウサギの走り方と同じだった。両手、両足をそろえて、背中を丸めるようにして、跳《は》ねるのだ。

面白い！

地面を走って私に近寄ってきたモモンガ

ライトの先に、こちらへ向かって小さな動物が地面を走ってくるのが見えた。なんとモモンガだ！

モモンガは地面を走って移動することがあるんだ。

これは、本章冒頭でもお話しした、「飛膜を颯爽と広げて、木から木へと滑空する動物」という一般的なイメージに、一部追加をせまる出来事ではないか。

そう思うと私は、「なんとしてもモモンガの〝地面走り〟を記録しておきたい（いつこんな場面に出合えるかはわからない）」という使命感のようなものに強く駆られた。

私は唯一の方法として、空いていた手でポシェットからカメラを取り出し、動画モードにして動物にねらいを定めた。でも、暗すぎてモモンガの姿ははっきりしなかった。ここはもう賭けるしかない。ライトをモモンガに、まっすぐ当てるのだ。

そして、撮った動画の一場面が、前ページの「走るモモンガ」である。

モモンガは、ライトをまっすぐに当てても進路を変えなかった。私のほうに向かってヒョコヒョコ近づいてきた。なにやら、**神秘的な感じさえした。**

ちなみに、読者の方は写真を見て、「なんかぼやーっとしていてよくわからないなー」みたいなことを、おくびにも出してはいけない。モモンガの目くそほどにも思ってもいけない。

失礼な言い方で申し訳ないが、それは、「夜の渓谷の森のなかで、ニホンモモンガというきわめて特殊な動物が、なんと、地面を走っている姿を動画にとらえる」という体験を、一度もされたことがない方だけの感想ではないだろうか。そういう体験をされた方なら、私の気持ちもわかっていただけると思うのだ。

さて、私のほうに近づいてきたモモンガは、私から三メートルくらいのところで、方向を変え、その前方にあったスギの木に、根元のほうからスルスルと登りはじめた。一〇メートルほどの高さに達すると、立ちどまり、周囲の様子を探るように、顔を振って、パッと飛び立った。それからの動きは追えなかった。

以前、このシリーズ（『先生、ワラジムシが取っ組みあいのケンカをしています！』）で書いたが、大学林につくっている大きな野外ケージ（七メートル×五メートル×高さ二・五メートルで、自然の木々をそのまま取りこんで、なるべく自然に近い状態にした）のなかでニホンモモンガが、地面にいるのを見たことがある。

シマリスなどがやるように、体を地面にこすりつけて転がる「土浴び」のような行動を行なっていたこともある。

それ以来、完全な自然のなかでも地面で過ごすことがあるのではないかと、にらんでいたのだが、図らずも、それが確認されたと言ってもよいだろう。われわれがまだ知らないニホンモモンガの生活があることに思いを馳《は》せながら、調査を終え、梯子を担いで山を下りたのだった。

「われわれがまだ知らないニホンモモンガの生活」と言えば、次のようなモモンガの形態的性質にも、あらためて感じ入った。

その一つは、彼らの目だ。

次ページの左上（❶）の写真は、日中の周囲が明るいときの目の状態。その右横（❷）は、周囲が暗いときの目の状態だ。どうですか、この**ダイナミックな変化**。

暗くなると、光を取り入れる瞳孔の大きさが九倍以上にもなり、さらに、明るいところでは内部に沈みこんでいた眼球が、外側に張り出し、露出した眼球の部分は、はち切れんばかりに、真ん丸で、盛り上がる。

この二つの変化を相乗して、薄い光をより多く脳内に取りこみ、暗闇でもしっかりと外界を見ているのである。

われわれヒトでも、暗闇のなかでは瞳孔はある程度広がり、少しは周囲の状態が見えるようになるが、モモンガの目はその比ではないのである。きっと、夜の闇のなかにあっても、かな

地面を走って私に近寄ってきたモモンガ

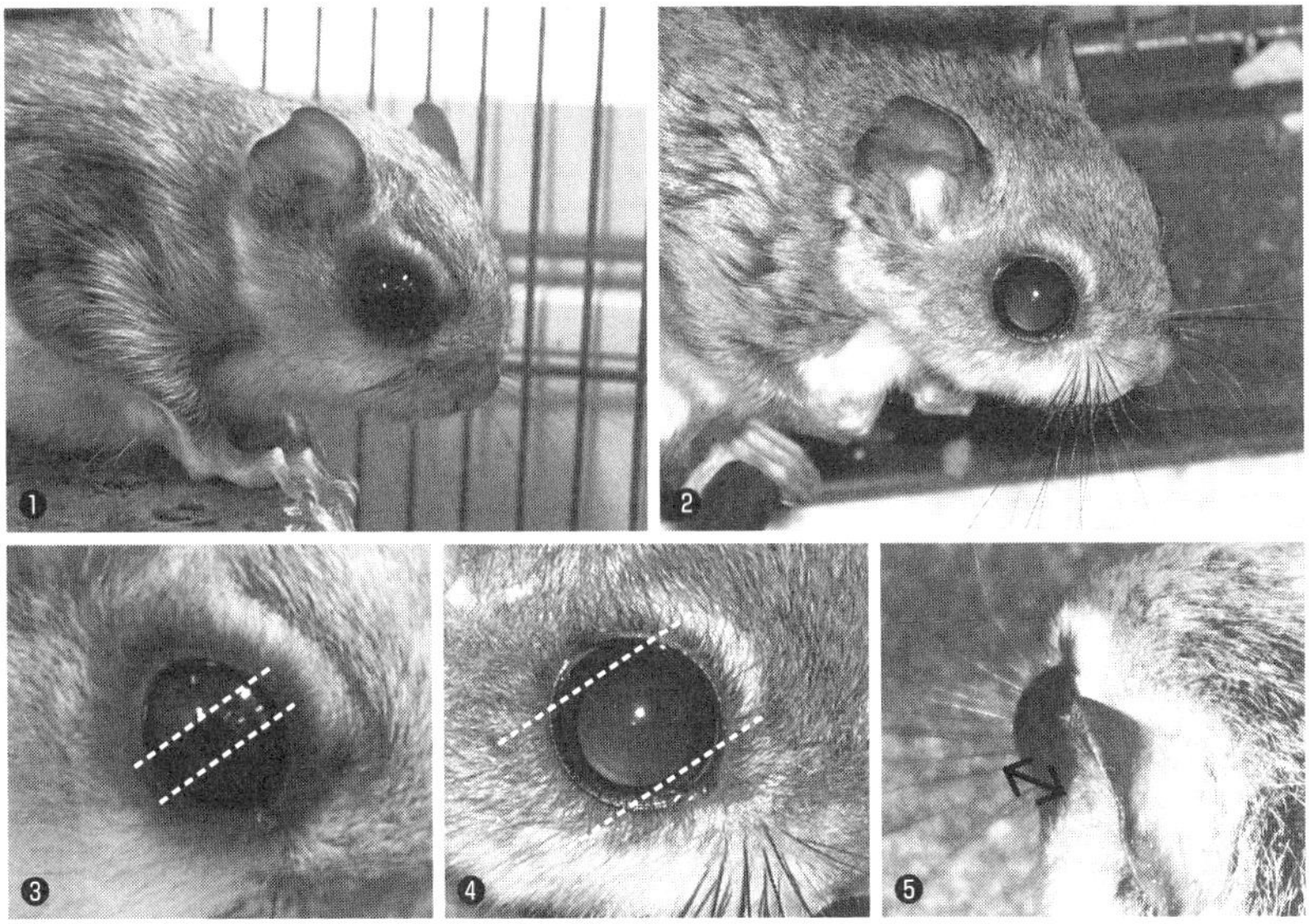

モモンガの目は明暗によって変化する。日中の周囲が明るいときの目の状態（❶）と、周囲が暗いときの目の状態（❷）。ダイナミックに変化する。暗くなると瞳孔の大きさが９倍以上にもなり（❸❹）、明るいところでは内部に沈みこんでいた眼球が、外側に張り出し、真ん丸に盛り上がる（❺）

り明るい風景が見えているにちがいない。

彼らは、この目を使って、どの木まで飛ぶのかを見定め、距離と方角をとらえ、幹を蹴るのだろう。

……スバラシイ。

さらに、飛んでいった先の「着地」についても、モモンガの体には、それに対応した装置が備わっている。着地点での衝撃はかなり強いものだろう。その衝撃をうまく受けとめ吸収し、幹の表面にくっつき、上へと登っていく。これだけの作業を瞬時のうちにこなさなければならないのだ。

そのためにモモンガに備わっている装置。それは、長くてしなやかで丈夫な指だ。

私は、夜の調査で、昼間の調査では気がつかなかった、その「長くてしなやかで丈夫な指」をまじまじと

滑空した先の木の幹に着地するときの衝撃を吸収し、上へ登るために備わっている、長くてしなやかなモモンガの指

見た。おそらく、私の手先がおぼつかない状態での作業が、その指をライトの光のなかに浮かび上がらせたのだろう。

はーっ、君は、こんな指をもっているのか！と驚いたのを覚えている。

ちなみに、野生動物と接していて、彼らが野生のなかで、それこそ**命をかけて生きぬいている**ことを感じさせるような秘密に出合うことはしばしばある。

本書のなかでも何度か登場してもらったコウモリもそうである。

コウモリの体には、その特殊な生活に適応したがゆえの、ほかの動物には見られない秘密がいろいろある。たとえば、モモンガと同じように、彼らの足の指・爪をまじまじと見たとき、はーっと思った。

逆さになって眠り、休息するほとんどのコウモリに

モモジロコウモリの後ろ足。小さな体に不釣り合いなくらいガッシリしている。後ろ足の指と爪は命を吊るす命綱だ

とって、後ろ足の指と爪は、それこそ命を吊るす命綱である。前ページの写真は、コウモリのなかでは最も小さい部類に入るモモジロコウモリの後ろ足だ。小さな体に不釣り合いなくらいガッシリしている。

さらに、最近、はっきりわかった**ニホンモモンガの秘密が、また一つある。**

それは、コウモリについて調べはじめたついでに、モモンガでもやってみたら、思っていたとおりの結果が出た……ま−、そんな感じの〝秘密〟である（モモンガとコウモリは、〝夜の空を飛ぶ哺乳類《ほにゅう》〟として、私は共通した問題を乗り越えながら進化した部分があると思っている。まだ詳しくは言えないが、やがて成果をお話しするときがくると思う）。

それは、**超音波である。**

私が、そのことに興味をもったのは、はじめてニホンモモンガの耳を見たときである。

これまで、シベリアシマリスやモンゴリアンジャービル（スナネズミ）、ゴールデンハムスター、アカネズミ、ヒメネズミ……といった齧歯類《げっし》を研究対象にしてきた経験から、次のような法則を感じていた。

「薄くて（血管の赤い走行が透けて見える）、輪紋のような模様がある耳介《じかい》をもつ動物は、超音波を発し、受信する」

そういった特徴の耳介は、高い音（周波数が多い音であり、周波数が二万ヘルツを超えるとヒトには聞こえなくなり、そういった音波を超音波と呼ぶ）が受信しやすいようなのだ。コウモリでは、種によって異なるが、数万から数十万ヘルツの音を出し、受信する。

そして、ニホンモモンガの耳介も、超音波を受信できる特徴（その特徴はコウモリほどには際立ってはいないけれど）を備えているのである。つまり、**小林の法則によれば、**ニホンモモンガも超音波を発し、受信している、コミュニケーションに超音波を利用している、ということになる。

ちなみに、次ページの写真で、ニホンモモンガをのぞいて、耳介の特徴から超音波を受信できると推察される動物は、アカネズミとキクガシラコウモリである。残念ながら（？）、シベリアシマリスは超音波は使っていないと考えられる。

そしてこの推察は当たっている。

では、ニホンモモンガは超音波を実際、利用しているのだろうか。

それは、特にこれまで確かめようとも思っていなかったのだが、「コウモリの地面での行動における超音波の利用」について調べるためバットディテクターを購入したので、それをモモンガに向けてみたのだ。

森の巣箱を調べるとき、なかのモモンガを活動的にするため、少し巣箱を揺らしながらバットディテクターを近づけると、三万ヘルツから五万ヘルツくらいの音が確認できたのである。

現在、厳密な調査を行なっているところなので、どれくらいの周波数の超音波を出しているかは十分にはわからないが、出していることはまず確かだ。おそらく、成獣同士のケンカや求愛、親子間で交わされる授乳や警戒などに関するコミュニケーションで使っているのではないだろうか。

さて、次に、森で新たに発見した出来

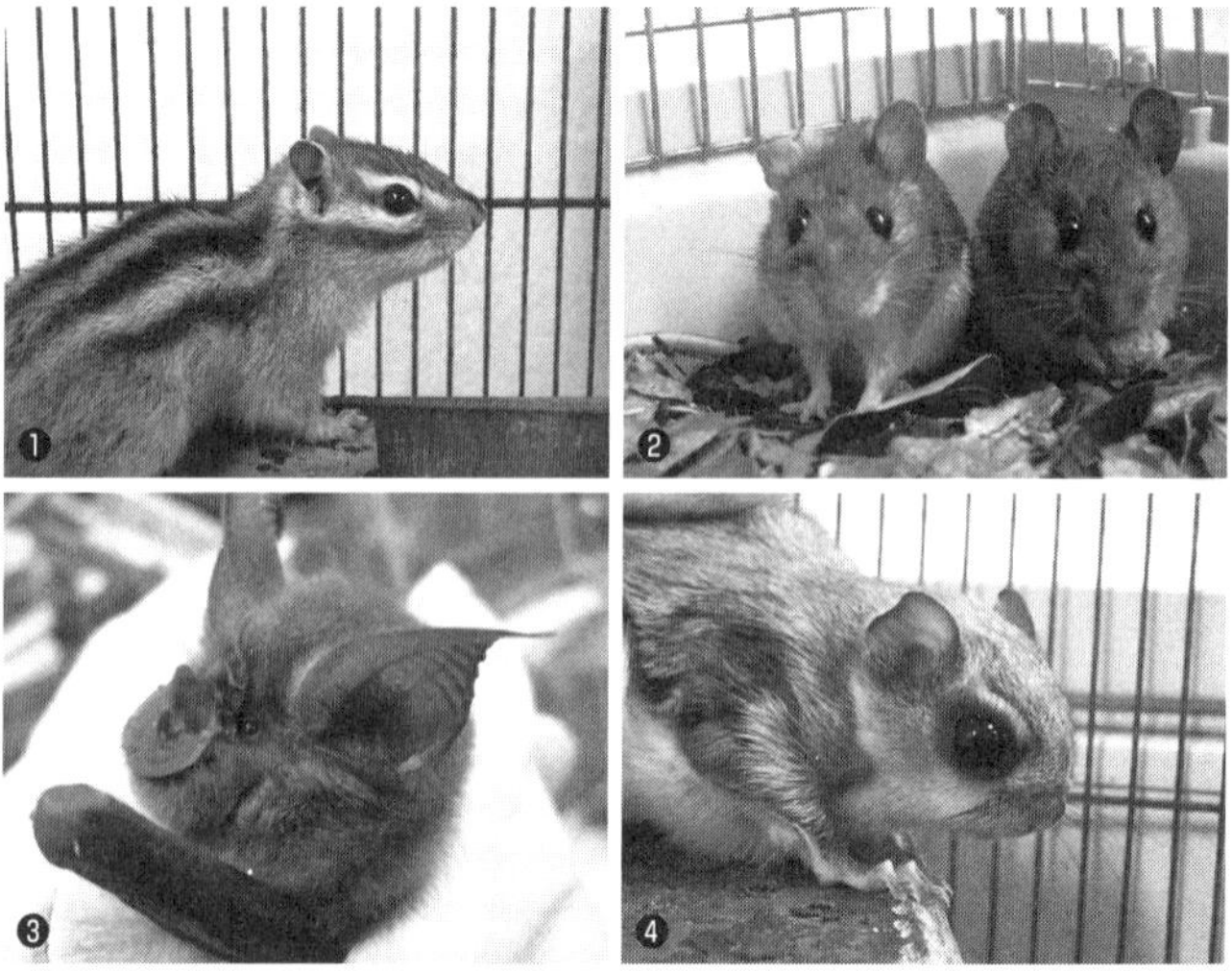

❶シベリアシマリス、❷アカネズミ、❸キクガシラコウモリ、❹ニホンモモンガ。シベリアシマリスの耳は比較的肉厚だが、ほかの3種の耳は光が透過するほど薄い

事は、「ニホンモモンガ以外の二種のリス類の存在」である。

芦津の森は、じつに豊かな森で、これまでに、齧歯類だけをあげても、ニホンモモンガ、ヤマネ、アカネズミ、ヒメネズミを確認してきた。

そして昨年、ついに私自身が**ホンドリスの存在を確認**したのだ。

「私自身」と書いたのは、芦津の人たちから、リスの存在については、何度か話を聞いていたからだ。その話の内容からして、まず間違いなくホンドリスだろうという推察はしていた。でも、私自身が見てはいなかったのだ。

それがやっと、私自身が見ることがで

芦津の森ではじめて出合ったホンドリス。以前から地元の人たちに話を聞いてはいたが、やっと自分自身で見ることができた

きたのだ。前ページの写真を見ていただきたい。……「なんかぼやーっとしていてよくわからないなー」みたいなことを言われるかもしれない。今度は、その言葉は真摯《しんし》に受け入れなければならないだろう。

言い訳を許していただけるとしたら、「ホンドリスは私のほうへヒョコヒョコやって来てはくれなかったのだ」。

私に近づくことなく、谷の向こう側を、谷にそって移動していった。私はゆっくり追跡したが、よい写真は撮れなかった（んだもん）。

でも**大変うれしかった**。

では、もう一種類のリスについての話をしよう。

三年ほど前に、智頭町（芦津を含む町）の役場の方が、モモンガの生息地として私が確認している場所から標高で約一〇〇メートルほど下った森で、地面に落ちて死んでいた「モモンガらしき動物の子ども」を二匹、見つけられた。

研究室に電話があり届けてくださったのだが、それを見て私は驚いた。それは**ムササビの子どもだったのだ**。

まだ目も開かないくらいのムササビの子どもが巣から落下するという事故については、ムササビに関する本などを読んでいると、時々触れられていた。それは、日本各地でよく起こっている出来事らしいのだ。

それが実際にモモンガの生息地の近くでも起こったわけだ。

その後、その子どもたちが落ちていた場所を、役場の方に案内してもらって現場を確認したのだが、そのとき落下の原因について、ある仮説が浮かんだ。

それは、「モモンガの一〇倍くらいの体重の**ムササビが巣をつくることのできる樹洞が、日本各地で不足**しつつあるためではないか」というものだった。

樹洞がない場合、ムササビはやむをえず、木の枝の叉などに、スギの樹皮を素材にした巣をつくる。でもその巣は不安定だから、子どもが大きくなると（まだ

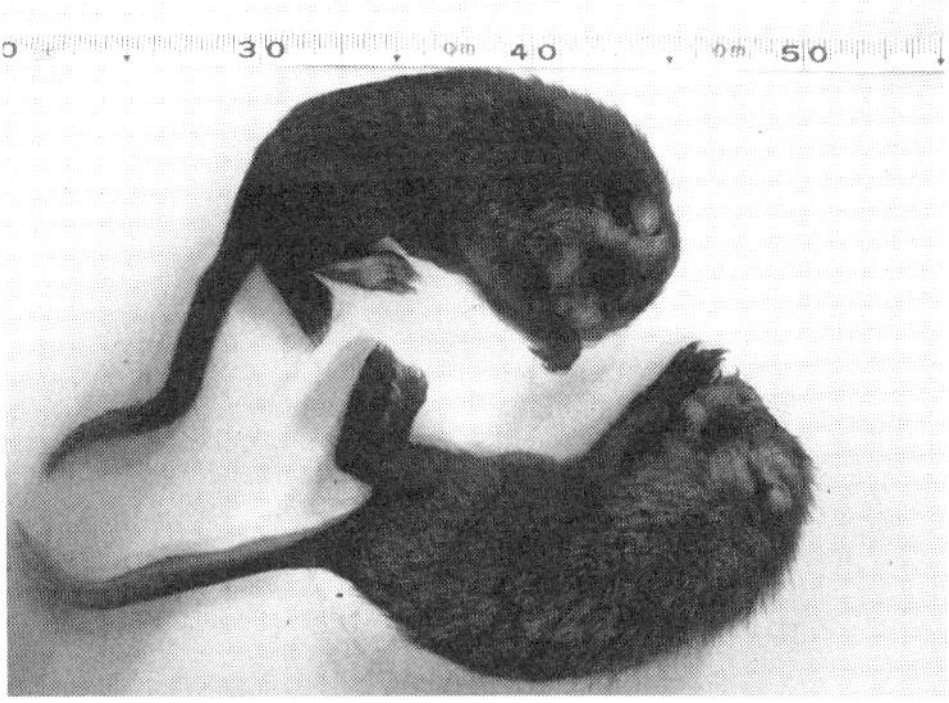

地面に落ちて死んでいたムササビの子ども。3年ほど前、モモンガの生息地から標高で100mほど下った場所で発見された

目が開いていないので危険な位置に移動し）、**落下してしまう事故が起こりやすくなる**のではないか、と。

そもそも、乳もかなり与えてきて、大きく育った子どもが死亡するというのは、進化的に考えると、その動物種にとってはかなりの痛手だ。進化は、そんな出来事をそのまま残して進むことはない。つまりそれは、ムササビが進化した本来の環境が、現在急速に（進化が間に合わないくらい）変わってしまっていることを示唆している。

そして昨年、その事故が、今度は、まさにモモンガの生息を確認している場所で起こったのだ。

前回発見されたのと同じくらいの成長度の子どものムササビ一匹が、地面に落ちていた。

さらに、モモンガの生息地の別の場所で、今度はムササビの成獣の頭骨《とうこつ》が見つかったのだ。

再び起きた、ムササビの落下事故（死亡していた）

それは新しいものではなかった。数年以上はたっているだろう。

でも、これら二つの出来事で、芦津の森では、**ニホンモモンガとムササビが同所的に生息**しているという、ちょっと驚きの状況がほぼ確認されたと言ってもよいだろう。

一般的に言われている、また、学術的な研究からも支持されている「ムササビは里山、モモンガは奥山」という二種の棲み分けが、芦津の森では、そうはなっていないということだ。それだけ芦津の森は豊か、ということか。

でも、ムササビの件は少々、気にかかる。

こういう（巣にできる樹洞が減っている）可能性も十分考慮して、私は三年前から、芦津の森にムササビ用の、大き目の巣箱を設置しているのだが、今のとこ

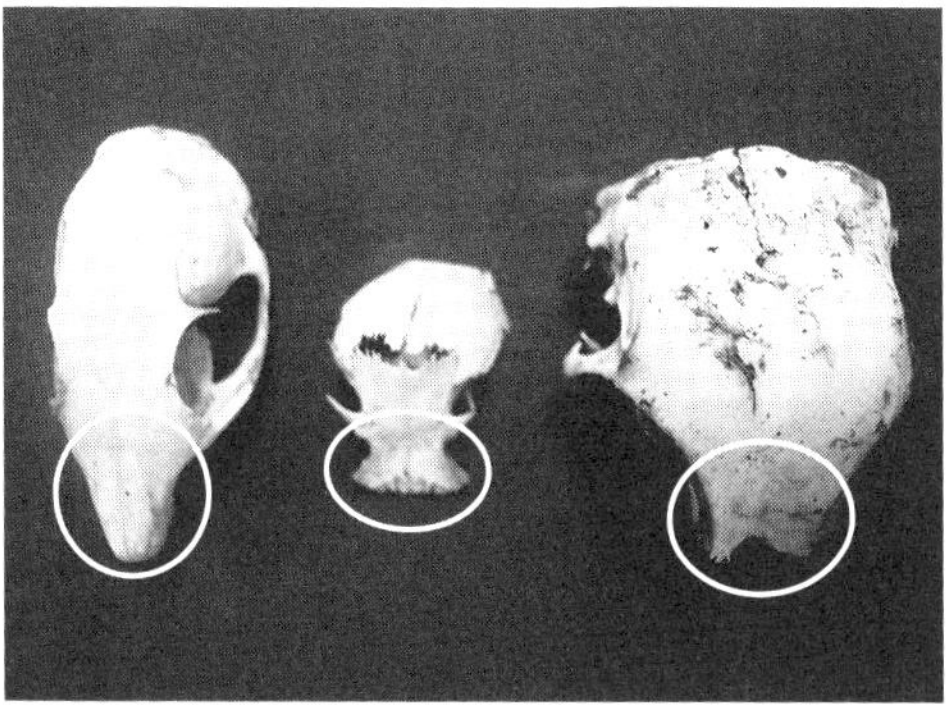

左から、シベリアシマリス、ニホンモモンガ、ムササビの頭骨。モモンガとムササビは骨が薄く、顔の鼻の出っ張りの部分（吻と呼ばれる）が、滑空生活に適応して退縮している（○の部分）

ろムササビの利用はない。

遠慮しないで使ってほしい。

少し寂しい雰囲気になってきた。

ここは一つ、元気の出る話をしよう。

モモンガの森の里では、Ａｈさんが、**モモンガ焼き**を始められた。なかにはあんこが入っていて、大判焼きのような構造だが、表が違う。表には、いかにも「美味しいよ！」とでも言っているかのように、モモンガが微笑んでいるのだ。

地元のイベントで焼かれたり、大学祭でも焼きたてを販売していただいたりしている。

私のゼミのＯさんは、別な形態の**モモンガパン**をつくっている。

Ｏさんは、「モモンガパンに、地元のモモンガの森

モモンガの森の里でAhさんが始めたモモンガ焼き（右）と、一推しの新しいグッズ、モモンガストラップ（左）

についての紹介チラシがつく場合とない場合とで、売れ行きがどう違うか」とか、「そもそもモモンガの焼印がある場合とない場合で、買ってくれる値段にどんな違いが出るか」といったことを定量的に調べている。

読者のみなさんもいかがですか。

それと、今回は、新作モモンガグッズのなかから、一推しのものを一つだけ紹介して終わりにしたい。

モモンガストラップだ。

モモンガの森………、今年は、どんな出来事を見せてくれるのだろうか。

大学の総務課のYoさんとNaさんがスズメを助けた話

さすが環境大学！

読者のみなさんは、「スズメ」と聞いて、何を思い出されるだろうか。

私がまず思い出すのは、すがすがしい休日の朝の、その鳴き声だ。

子どものころも、大人になってからも、少しのんびりとした気持ちで起きた朝、部屋にさす光と、家の外から聞こえるチュン、チュンという鳴き声は、なんと言うか、小さな幸せのシンボルとでも言えばよいのだろうか。

もちろん、人生が過ぎてゆき、誰もがたくさんの悲哀を重ねるなかで、そんな朝のことなど思い出すことも少なくなるにちがいない。でもスズメの声は、記憶のなかで私の人生の一部を確かにつくっているのだ。

そしてもう一つ思い出すのは、**スズメの捕獲に心燃やした、あの少年時代の日々**であろうか。

読者のみなさんは、「そうき」なるものをご存じだろうか。

半円形の（少し縦長）、竹で編んだ容器である。

私が子どものころは、田舎ではどの家にも、一つや二つ、三つや四つあり、生活のいろいろな場面でじつに重宝されていた。

土のついた大根を納屋や洗い場まで運ぶのに使われたり、お盆の終わりに、仏壇に供えられていた果物やお菓子を線香と一緒に川まで運ぶのにも、入れ物として使われたり。

そのようなありがたいそうきを、**われわれ悪がき**は、……スズメを捕まえるのに使った。

そうきを、地面に伏せるような状態で置き、片方を持ち上げ、その片方をつっかえ棒で支える。そのつっかえ棒には紐がついており、その紐を引っ張ると、つっかえ棒が取れ、そうきがパタッと地面に伏せることになる。

片方を持ち上げたそうきの下に、スズメの餌を置いておくとどうなるか。スズメが、持ち上がったそうきの下に入り、餌を食べているとき紐を引けば、（うまくいけば）次の瞬間、スズメはそうきのなかで飛びまわることになる。

漫画の世界のように思われるかもしれないが、それは現実の世界でも有効なのだ。

スズメがよく来る場所にセットしておき、悪がきは、

みなさんは、「スズメ」と聞いて、何を思い出されますか？

つっかえ棒からのびた長い紐の先を持ってひたすら待った。

それで実際、スズメを捕まえた友達もいた。が、残念ながら私は成功しなかった。いいところまでいったことはあったが、最後にスズメは、落ちてくるそうきをうまくかいくぐって逃げていった。

力業《ちからわざ》でスズメの捕獲を試みたこともある。

スズメは、春から夏にかけて、屋根の瓦の下に巣をつくって子どもを育てる。親が餌を持って帰ってくると、子どもたちはいっせいに、チー、チー、チーと鳴く。その声を頼りに、屋根に上がって瓦を持ち上げて、ヒナを捕獲するのだ（今考えると、なんとかわいそうな！）。

ただしこの力業捕獲には、少し問題が生じる場合が多かった。

声を頼りにつきとめた巣が、たいていはよその家の屋根のなかだったのだ。

悪がきは根性があるから、間違いなく巣があるとわかると、**執念で屋根に上がり、力いっぱい瓦を持ち上げようとする。**

すると、前後が互いに組み合わさって並べられている瓦は、擦れ合って大きな音をたてる。

↓その音を聞いた家の人が、外に出てきて屋根を見る。↓悪がきがいる。↓**「こらー！！」**

まー、当然だろう。

ちなみに、このような思い出からもわかることは、スズメは人家とともに生きる鳥だ、ということだ。

そういう動物のことを「シナントロープ」と呼ぶが（ずっと前から知っていたような口ぶりだが、ほんとうは本章を書いているなかで偶然知ったことだ）、今では、家の構造も昔とは変わり、スズメが巣をつくれる家が少なくなっているという。

さて、わが鳥取環境大学でも、スズメは建物とともに生きている。ただし彼らは、建物に**別な動物がつくった巣をちゃっかり利用**して繁殖している。

「別な動物」とは、二種類いる。同じ鳥の仲間である「コシアカツバメ」と、ただ名前が似ているだけの「スズメバチ」である。

コシアカツバメは現在、鳥取県では絶滅危惧種に指定されているが、それが環境大学で繁殖している。スズメバチは、人には危険のない高い建物の軒下に時々巣をつくる。

いずれの動物の巣にも共通していることは、**「入り口がせまく、なかは閉鎖空間である」**ということだ。

それは、屋根の瓦の下も同じである。スズメたちが完全な自然界において遺伝的に獲得した習性は、現代においても変わりなく維持されているということだろうか。

一方で、コシアカツバメの巣を利用するスズメの姿を見ていると、彼らに備わっているしたたかな適応性も見てとれる。


コシアカツバメは、もうかれこれ五、六年前から、**どこからともなくフラーッと現われ**、大学の本部棟の玄関の天井に巣をつくりはじめた。私は、その時以前も、それ以後も、大学の近くでコシアカツバメを見たことはなく、彼らがどこからやって来たのかは未だにわからない。ただし、彼らが、本部棟の玄関の天井を気に入った理由は予想はつく。

一つ目は、「天井が高いドームのようになっ

大学の建物の高い屋根の下につくられた、スズメバチの巣を利用するスズメ

ており、彼らの本来の営巣場所と考えられる洞穴状の崖のような場所に似ていた」。

二つ目は、「本部棟の玄関の壁は、ツタが表面をつたいやすくするため、表面は、ざらざら、というか、でこぼこにされており、土をくっつけて巣をつくるコシアカツバメにとっては、もってこいの状態だった」。

かくして、コシアカツバメは毎年、春にやって来ては繁殖し、夏の終わりに南へと旅立っていくのだった。

一方、コシアカツバメの飛来が始まってから間もなく、彼らがつくった巣に目をつけ、**壁の陰から、虎視眈々《こしたんたん》と様子を探る動物が現われた。**

スズメである。

スズメは、最初のころは大胆にも、コシアカ

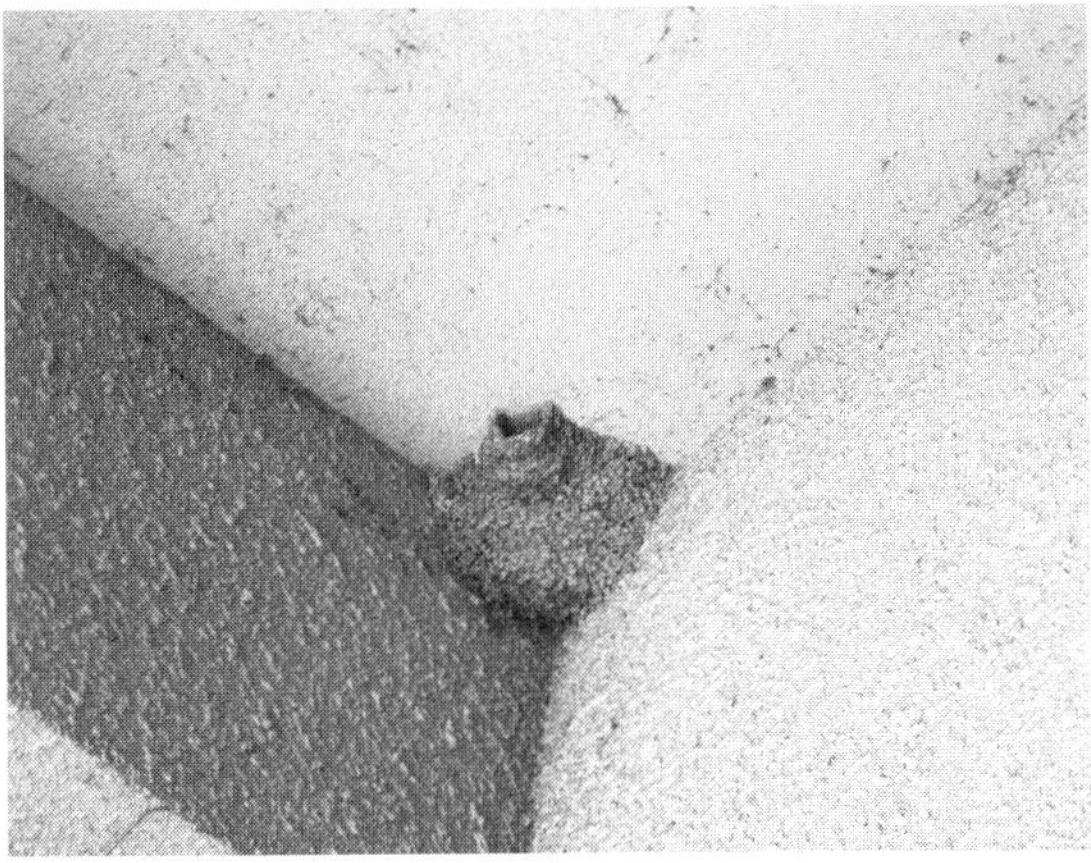

大学本部棟の玄関の天井につくられたコシアカツバメの巣。この巣を乗っとろうと虎視眈々とねらう生き物がいる

ツバメが外側の土壁の工事を終え、なかの巣材を集めはじめたころの巣にもぐりこんでいた。「やがては私のものになるのだから」とでも思って巣のなかの様子をチェックするのだろうか。

ちなみに、そのころの様子を熱心に観察していた私は、**スズメには、少なくとも〝2〟までは数がわかるのではないか**と思えるような場面を、何度か目にした。

たとえば次のような場面である。

コシアカツバメはつがいの仲がよく、しばしば同時にもどってきて、同時に飛び立っていくことがあった。

スズメは、コシアカツバメが飛び去ったのを確認してから、巣のなかに入っていくのだが、コシアカツバメが一羽だけ巣に入ったときは、しばらくして一羽が飛び去るのを見て、巣に直行する。

ところが、つがいのコシアカツバメが相次いで巣に入ったときは、一羽が飛び去っただけでは、巣へは向かわない。しばらく待って、もう一羽も飛び去ってはじめて巣に飛んでいくのである。

一九七三年に、動物行動学の研究でノーベル賞を受賞したオランダ出身のニコ・ティンバーゲンは、セグロカモメの社会行動を野外で調べ、動物の世界の理解に大きな影響を与える新しい知見を次々に発見していった。

ティンバーゲンはある著書のなかで、セグロカモメの繁殖地で、彼らの自然な行動を調べるための方法として、繁殖地のなかに張ったテントからの観察を紹介している。

まず、繁殖地のすぐ近くにテントを張るのだが、テントを張ると、セグロカモメたちはその場から距離を置き、警戒するのだという。まー当然だろう。テントだけをそこに張ったままにしておくと、やがて彼らはテントを気にしなくなる。しかし、人がテントまで歩いていき、なかに入ると、いつまでたっても彼らは警戒を解かないのだそうだ。

そこでティンバーゲンは次のようなことを行なって、カモメの警戒を解いた。最初、誰かに一緒にテントまで来てもらい、なかに一緒に入る（つまり二人でテントに入る）。次に、ついて来てもらった人にテントから出て繁殖地から遠ざかってもらう。するとカモメたちは警戒を解くのだという。

これはつまり、セグロカモメは、少なくとも、〝繁殖地に張られたテントのなかの人の数〟について〝2〟と〝1〟とを区別できていないことを示唆している。

はいっ、スズメの勝ち!?

さて、慎重にふるまうスズメであるが、たまには、つくりたての巣への侵入を、コシアカツバメに見つかることもある。たとえば、コシアカツバメたちが巣から出るのを確認してから巣に入ったとしても、そのコシアカツバメが、非常に早く巣にもどってきたような場合である。

巣の外の羽音などで、帰ってきたことに気がつくのだろうか、あわてて巣から飛び出すスズメを、**コシアカツバメは激しく追いかける。**

それは当然だろう。

一つの巣をじっくり見ると、何百個（あるいはそれ以上）の土の粒からできていることがわかる。巣は、二羽のコシアカツバメが、その粒の数だけ、大学の本部棟の玄関と土の採集地（田んぼや河川敷など）の間を往復し、やっと完成させた努力の結晶である。それ

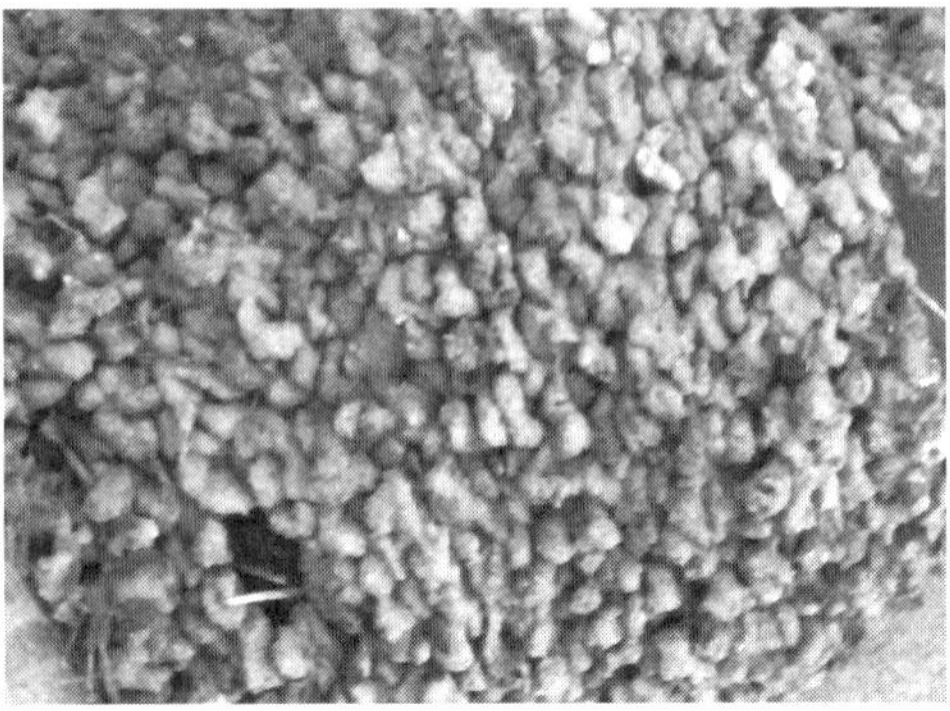

コシアカツバメの巣は、何百個の土の粒からできている。2羽のコシアカツバメがその粒の数だけ、大学の本部棟の玄関と田んぼや河川敷などの間を往復し、やっと完成させた努力の結晶である

を、**一粒の土も運んでいないスズメが乗っとろうとは、言語道断**だろう。

一方、スズメはスズメで、繁殖がかかっている。なかなかあきらめない。追いかけられても追いかけられても、うまくかわして逃げきり、近くにとまって二羽のコシアカツバメの様子を見ている。そんな場面が、子育て期間も含めて何度も観察された。

でも、結局、コシアカツバメのつくりたての巣をスズメが横どりして利用する例は一つもなかった。

見ているほうとしては、「そこまで努力するのなら、自分で巣をつくったほうが早いんじゃあないの」と言いたい気持ちだ。

でも、そこには事情があるのだ。〝彼らの数千年を越える進化の歴史〟という事情が。

おそらく、人間の居住地がまだなかったころのスズメの祖先たちの自然な生息地には、「入り口がせまくなかなが閉鎖な空間」がたくさんあったのだろう。一方、コシアカツバメたちの祖先の生息地では、自ら土で巣をつくるほうが有利な状況があったのだろう。そして、その祖先たちの習性を、スズメもコシアカツバメも、遺伝子を通して受けついでいるのだ。

遺伝子は、そして、たくさんの遺伝子がかかわり合って設計されている行動は、簡単には変わらないのである。

では結局スズメは、コシアカツバメの巣を利用することはできなかったのか？

本章冒頭で、「鳥取環境大学でも、スズメは……建物に別な動物（コシアカツバメとスズメバチ）がつくった巣をちゃっかり利用して繁殖している」と書いたではないか。

読者の方のなかには、そう思った方もおられたかもしれない。

そう、**スズメの執念は、**コシアカツバメが巣をつくり、子育てをした、その**次の年に実を結ぶ**ことになる。

つまりこういうことだ。

コシアカツバメたちは、子育てが終わると、夏の終わりを（きっと）五感で感じながら、子どもたちと一緒に南に下っていく。**巣を残して！**

そして次の年の春、再び、はるばると太平洋を渡り、

春になって帰ってきたコシアカツバメが、前の年につくった巣にやって来た

自分たちが前年つくった環境大学の巣にもどってくる（私は、南での半年を経て、同じ個体が帰ってくるのだと感じている。毎年、大学の本部棟玄関のコシアカツバメを見ていてそういう気がする）。

すると、なんと、その**巣にはスズメがちゃっかり入っている**のだ。

春になり、繁殖期を迎えたスズメたちが、コシアカツバメたちより一足も二足も早く、（二月にはすでに）前年にコシアカツバメたちがつくった巣に入り、忙しそうに巣材運びなどをしているのだ。

てきぱきと働くその姿は、**「私たちの巣よ！」という断固たる思い**がにじみ出ている。

こうなると、スズメは強い。遅れてやって来たコシアカツバメがいくら巣に入ろうとしても、激しく攻撃する（スズメはコシアカツバメより一回り体が小さい

ん？　先客がいる？

のに）。

一方、**コシアカツバメのほうは、イマイチ気力、迫力に欠ける。**ヒトから見れば、自分たちが設計・造成したものなんだから、もっと怒って、**「なんで他人の家に勝手に入っているのよ！」**みたいな感覚をもたないのか、と思う。でも、それもまた、異なった種（ヒトとコシアカツバメ）では異なった認知世界をもっている、ということなのだろう。

一年前につくった巣への所有感、執着心はそれほど強くないらしい。

その結果、どんなことが起きるか。

気の毒に、コシアカツバメのつがいは、またゼロから巣をつくりはじめるのだ。たいていは、本部棟玄関の天井の、開いた場所に巣をつくりはじめるのだが、たまに、既成の巣に隣接して巣をつくる習性をもつからか、あるいは、前年自分たちがつくった巣への思いがあるのか、スズメたちに乗っとられた巣のすぐ横に、新たな巣をつくろうとする。そんなときは、たとえば、こんな情景も見られることになる。

三組のつがいのスズメが入った、三つの巣が並んだ巣の長屋の端に、長屋をさらにのばすように、コシアカツバメが一軒増築を始める。

ところが、その**増築中の巣にさえも、**まだ巣を手に入れていない**スズメたちは、目をつける**ようだ。

「どれくらいでき上がっているのかなー」みたいに巣の具合を探るのだろうか。近くを飛翔して、コシアカツバメたちに追い払われる。

さて、こんなふうに、繁殖期を中心に、大学に密着して生活するスズメである。時には間違って大学の建物のなかに入ってしまう、おっちょこちょいがいてもおかしくはない。

ある日の午後、研究室に電話がかかってきた。総務課のNaさんからだった。

話の内容は、次のようなものだった。

前年の巣（右の３つ）はスズメに乗っとられ、コシアカツバメは、しかたなく隣に新しい巣をつくりはじめた

「総務課の前の**廊下にスズメが入って、外に出られなくなっている。**なんとかしてもらえないか」

私は思った。

総務課の前ということは、毎年コシアカツバメが巣をつくる場所のすぐそばだ。たぶん、一年越しでコシアカツバメの巣を乗っとった、あのスズメたちのどれかだ。**しょーがないやつらだ。**

もちろん、網を持って、大急ぎでその場所へ向かった。どんな状況なのだろうかと、いろいろ想像しながら。

さて、現場に到着した私は、ちょっと**厄介な状況**を目にした。**〝スズメの脱出のジレンマ〟**とでも言えばよいのだろうか。

外に出ようと懸命に動けば動くほど、外に出ることから遠ざかってしまう……みたいな。

つまり、こういうことだ。

総務課は、建物の二階にあったのだ。そして、廊下には二種類の窓があって、一つは二階の廊下のつきあたりに並ぶ窓、もう一つ、廊下を覆うように張り出した〝室内の屋根〟の上に並ぶ窓だ（201ページの写真をご覧いただきたい）。

前者の窓は、人が左右にスライドさせて開け閉めできた（私が到着したとき、すでに全開にしてあった）。

でも後者の窓は、二階のフロアから一〇メートル近い高さの場所にあり、窓の内側には、目の細かいメッシュの金網が張りめぐらされていた。だから外側の窓が開いても、スズメはそこから外へ出ることができないわけだ。

一方、なかに迷いこんでなかば**パニックになっているスズメは、どう行動するだろうか。**そう、スズメは、動く大きな動物（つまりヒト）から、少しでも距離を置いて、上へ移動し、外が見える場所（つまり、後者の窓）から逃げようとしていたのだ。けっして、前者の、廊下のつきあたりの全開になっている窓のほうへはやっては来ないのだ。

ときおり、飛ぶのに疲れた様子で、高い窓の桟（〝室内の屋根〟の上）にとまって休み、一休みしたらまた、光さす上の窓から脱出すべく、右へ左へとやみくもに飛びまくるのだ。持ってきた網など、とても届かない高いところを。

さてどうするか。

われわれがその場を離れ、できるだけそっとしておいて、スズメが下におりてくるのを待つ。

それも一案だろう。やってみた。……**ダメだった。**そもそも一階や二階は学生たちも通るから、完全に静かにすることは不可能なのだ。

第二案。

梯子《はしご》を〝室内の屋根〟の側面に立てかけて、スズメが桟にとまっているところを網でとる。……**やってみたがダメだった。**梯子をかけた瞬間、スズメは飛び立って離れていった。まーそうだろうな。**私がスズメでもそうするわ！**

われわれは……**困った。**なかなか次の、よい手が浮かんでこないのである。

あの馬鹿スズメめ、コシアカツバメの巣を乗っとることばかり考えているから、こんなことになるんじゃ。

私はそんなことを心のなかで思いながら、どうしたものかと頭をフル回転させていた。

そんなときだった。総務課のYoさんが突然、ぽろっと、次のような言葉を発されたのだ。

「しゃーない。上の窓の金網を切りとろう。屋上からなら窓の金網も切れるしー」（確か、語尾の〝し〟が高く、長くのびたような記憶がある。）

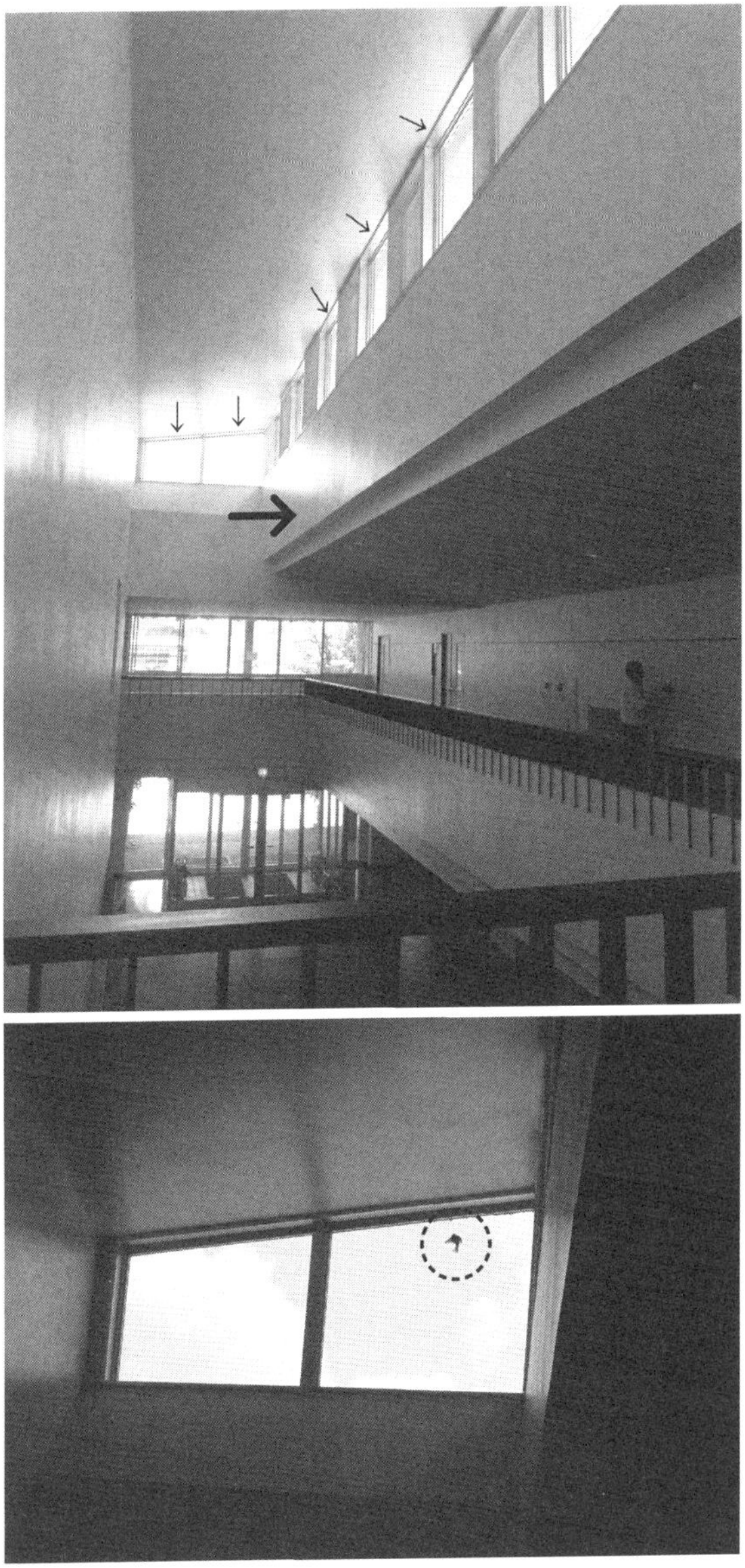

廊下を覆うように張り出した“室内の屋根”（太矢印）の上に並ぶ窓（細矢印）。２階のフロアから10m近い高さの場所にあり、窓の内側には目の細かいメッシュの金網が張りめぐらされていた。スズメ（○のなか）はここからは出ることができない

私は、その言葉にちょっと驚き、かなり感動した。

一般社会に対する私の認識からして、「スズメが一羽、建物に入って出られなくなっているくらいで、そのスズメのために、しっかりと設置されている窓の金網を切りとって逃がしてやる」ということなどまずありえない、と思っていたからである。

私は、日ごろから、なにかと大学の設備などのことでよく無理を言って、それに快く対処してもらっているＹｏさんの人柄はよくわかっているつもりだった。でも、私が、ちらっと頭に浮かんだけれど、とても言い出せなかったことを、Ｙｏさんがさらっと口に出したことは、やはり驚きだった。

流れは決まった。

Ｎａさん、Ｙｏさん、私の三人で階段をのぼり屋上に出た。屋上から、まず、〝後者の窓〟の外側についているガラス戸を、車のトランクを開けるようにして持ち上げた。次に、Ｙｏさんが、カッターで金網を端から切っていった。

ほんとうに切っている。

一番左の窓を覆っている金網を切りとり（結構面積は広い）、われわれは反対側の窓の桟にいるスズメのほうへ移動した。怖がらせて、開放された窓のほうへ追いやろうとしたのである。

すると、ねらいどおり、スズメはわれわれの接近に反応して飛び立ち、金網がない窓のほうへと飛んでいった。**あー、これで、スズメはやっと外に出るだろう！**とわれわれはみんな思った。

ところが、まだ**そうはならなかった。**

スズメは、金網がない窓を通り越し、窓の端の桟にとまったまま動かなくなったのだ。まー、スズメにもいろいろ事情があるだろう。今までずっと、金網があって脱出できなかった場所の金網がもうなくなっている、などとすぐにはわかるはずもない。

さてどうするか。下手をすると、スズメは、窓の奥側の広い空間に飛んでいってしまう。そうなったら、また厄介なことになる。

しかし、私は動じなかった。私くらいになると、さまざまな（ほとんど、〃あらゆる〃と言ってもよい）

屋上に出て、窓の内側の金網を切りとる総務課のYoさん。迷いこんだスズメ１羽のために、ここまでやる大学はほかにはないだろう

状況を考え、それに対する対処法を密かに準備しているのだ。私は、網を持った手に力を入れた。そう、こんなこともあろうかと、しっかり網を屋上に持ってきていたのだ。

そして思ったのだ。

そうか、最後はこうして、**私が〝決める〟運命になっていた**のか。このときのために、私は導かれたのかと。

もちろん動物への接近にぬかりはなかった。スズメの習性を（特に、コシアカツバメの巣の乗っとりスズメの習性を）知りつくしていた私は、獲物をねらうネコのように距離をつめていった。もちろん、網が届く距離になってからの**行動についてのイメージもぬかりはなかった。**

そして、………そして、スズメは、私が、距離を半分ほど縮めたとき、ふらふらっと飛び上がった。飛び上がって、金網を切りとられた窓から出ていき、何事もなかったかのように、**私の目の前をすーっと、**もう一回言うが、**すーっと飛んでいったのだ。**

あとには、網を固く握りしめた、スズメの習性をよく知っていたはずだった狩人が立っていた。

その姿を気の毒に思ったのか、事の一部始終を後ろで見ていたNaさんが声をかけてくれた。

「最後はあっけなかったですね」

確かに、ドラマチックな終了ではなかった。でももちろん、スズメは建物のなかで死んでしまう可能性もあったわけだから、めでたしめでたしだ。これでまた、スズメが元気にコシアカツバメの巣を乗っとろうとする（ちょっと変？）姿を見られるわけだ。

そして、あらためて思うのだ。

YoさんやNaさんの行動は、鳥取環境大学の誇りだ。

なにかとせちがらい昨今の世にあって、一羽のスズメのためにこれだけのことをする大学がほかにどれだけあるだろうか。

翌日、ある講義の冒頭で、この話を写真もまじえて紹介した（このコーナーは〝今週の写真屋さん〟と呼ばれていた。もう卒業した学生が名づけてくれた）。

最後に私は、「みなさんどう思いました？　私は、環境大学として誇れると思いました」としめくくった。

講義が終わっていつも提出してもらっている「感想・質問用紙」に、数人の学生が、〝今週の写真屋さん〟について書いていた。以下は、そのなかの一人が書いたそのままの文章である。

「今日の写真屋さんの内容はとてもいい話でした。」

〝今日の写真屋さん〟は、正しくは〝今週の写真屋さん〟だ。けれども私は、「内容はとてもいい感想でした」と思ったのでした。

オシマイ。

元気に（？）、コシアカツバメの巣を乗っとったスズメ

ヤギ部初、子ヤギの誕生！

なんで産むんだ!?

なんで母親じゃないヤギまで乳を出すんだ!?

現在（二〇一五年二月）、ヤギ部には過去最大の頭数のヤギがいる。**七頭だ。**

ヤギ部にやって来てからの年月の長さで並べると、コハル、クルミ、（ベル、メイ、コムギ）、（ツノコ、ナシコ）となる。括弧内の個体は、同時にやって来た個体であることを示している。

年齢が上の個体から並べると、クルミ、コハル、ベル、メイ、コムギ、（ツノコ、ナシコ）となる。括弧内の個体は、年齢が同じことを示している。

つまり、**ツノコとナシコは、なんと双子**だったのである（ちなみに、ヤギでは双子はめずらしいことではない。アクセントをつけるために「なんと」と書いて

現在、鳥取環境大学ヤギ部には７頭のヤギがいる。過去最大の頭数だ

みた）。

さて、二〇一四年の四月に、ベル、メイ、コムギが、静岡の牧場からやって来た。

ベルは二歳で、体長は中くらい（ザーネン種の成獣を〝大〟とすると）。到着そうそう、なんにでも興味を示し、部員（こちらはホモ・サピエンス）が小屋の掃除などをしていると、「なにしてるの」とばかりに近寄ってきたという。細身で、目のまわりの毛が抜けて、目やにが見られ、健康上、若干の不安を感じさせる。

メイは、シバヤギ（ヤギの品種名）のコハルと同じくらいの大きさだ。ただし、

荒野を行く「七人の侍」みたいで、なんかかっこいい。でもチビスケも約2匹、まじっている

コハルは体ががっしりして脚も太いのに対し、メイはベルと同じく細身で、脚も細かった。年齢は一歳半くらい（ちなみに、ヤギは一歳で成熟し、雌なら子どもが産める）で、品種はよくわからなかった。少なくとも、コハルのような、純粋な「シバ」でないことは確かだった。

メイは、どんな育てられ方をしたのだろうか。小屋に立ち寄った部員たちが去ろうとすると、必ずと言ってよいほど、メーメーと鳴きながらあとを追ってきた。放牧場の戸を閉めて外へ出たあとも、柵のなかから、しばらくはメーメー鳴きつづけた。

幼いころから、ほかのヤギたちとふれあうことなく、ヒトとのみ接して育ったのではないだろうか。

コムギはほかの二頭と比べ、かなり小さく、顔や体つきに幼さを残すかわいいヤギだった。まだ一歳にもなっていないだろう。

顔の小ささが印象的で、強くさわると、顔や体が壊れてしまうのではないか、と思うくらいキャシャに感じられた。部員はそんな印象を口々に言っていた。

ちなみに、**三頭ともすべて雌**だった。**古参のコハル、クルミも雌**だ。

「出産させて子ヤギを育てたり、乳からチーズをつくったりしてみたい」という部員もいた。

もちろん、その気持ちはよくわかった。でも私は、少なくとも今は無理だと思っていた。農学部がない鳥取環境大学で、部員たちがヤギのために費やせる時間は限られていた。出産にかかわる世話、頭数が増えたときの冬場の世話などが不十分になり、ヤギたちにとって気の毒な状態になる可能性が小さくなかった。

卒業していく部員たちを見送り、ずーっとヤギたちに寄りそっていかなければならない顧問としては、雌ばかりにして、出産による頭数の過度な増加を避けたかったのだ。

さて、そんな顧問の思いを天は知ってか知らでか、その事件は起こった。

昨年（二〇一四年）の夏のことだった。

夏休みに入った八月のある朝、部員のＳｇくんから、まだ自宅にいた私に電話がかかってきた。

「先生、メイが出産しています」

えっ？　えっ‼

もちろん私は驚いた。

雌ばかりなのに、なんで産むんだー!!?という感じである。

それも、普通は出産は春だろ、なんでバカ暑い八月なんだー!


でもじつはその一方で、**「やっぱりか」**という思いも同時にわき上がった。

それは、次のような理由があったからだ。

メイは、大学にやって来てから、**乳房が大きくなりはじめていた**のだ。

哺乳類《ほにゅう》で、乳房が大きくなるということはどういうことか。それは「子どもを宿している」という場合が最も多いだろう。イヌでもそうだ。ネコでも、シマリスでも、モモンガでも、アカネズミでも、コウモリでも皆そうだ(**どうだ参ったか。**まだまだ例をあげようか)。

私は実際に見たことがあるから強いぞ。

もちろん「病気」という可能性もないことはない。妊娠という可能性を考えなかった部員は、実際、病気ではないかと、私に相談に来た。

でもメイは、大学にやって来る前に、雄と交尾して妊娠していたとしても不思議はないのだ。

Sgくんからの電話を受けたとき、「『やっぱりか』という思いも同時にわき上がった」のは、そういうことだったのだ。

Sgくんに、**子どもの様子は？　メイの様子は？**と聞くと、少し心配な返事が返ってきた。

「メイは一生懸命、二匹の子どもの体をなめています。子どもは、ふらふら立って、メイの乳首を吸おうとするのですが、メイが脚ではらって飲ませようとしません」

メイの年齢から考えて多分、初産だろう。だとすると、好ましい環境でなければ適切な母性行動が現われないかもしれない。

私はそれが気になりはじめた。

「まわりはどんな様子？　今どこにいる？　ほかのヤギたちはどうしてる？」

せきたてるような私の質問に、Sgくんは冷静に答えてくれた。

「メイも子どもも小屋のなかにいて、ほかのヤギたちはみな、小屋から出ています。でも**コハルだけは、メイや子どもたちの近くにいて、子どもの体をなめています」**

私は、Sgくんが、そのあと付け加えるようにして言った次の言葉が今でも耳に残っている。

「ほかのヤギたちは空気を読んで遠慮しているようです」

Ｓｇくんの話を聞いて私がとっさに思ったのは、「コハルの存在やその行動が、メイにストレスを与え、メイの母性行動を乱しているのかもしれない」ということだった。

私は急いで用事を切り上げ大学に向かった。


ところで、「譲り受けたヤギが妊娠していて、大学に来てから子どもを産んだ」というケースは、以前一度経験していた。

もう九年近く前になるだろうか。

それはコハルの娘、コユキで起こった。

私が大学の近くの山に行っていたとき、当時、部長をしていたＴｍくんから電話がかかってきた。

「コユキが、尻から血のついたものを出しています」という、ちょっとドキッとする内容だった。

でも、詳しく話を聞きながら、私は、それがなんなのかはっきりわかった。それは、死産で出てきた二匹の子どもだ。

Ｔｍくんにそのことを伝え、心配はないからと言って、山を下りた。

現場を見た私は、思ったとおりの光景を目にし、一方で、コユキが元気そうだったので安心した。

ちなみに死産とはいえ、コユキの乳房は張って、乳を搾《しぼ》ってやる必要があった。

私は、部員たちを集め、ヤギの乳搾りの講習会をもった。

その後、部員たちは毎日乳を搾った。

やがて、Ｔｍくんが、私の研究室を訪ねてきて、**「先生、ヤギ乳のチーズをみんなでつくったので食べてください」**と言った。

「へーっ、ヤギ乳のチーズ、みんなやるじゃん」とかなんとか言いながら、Ｔｍくんが差し出した、皿の上の〝チーズ〟を見て私は「これはかなり失敗だわー」と、心のなかで思った。

私は、店で売られているような、普通のチーズを頭に描いていたのだ。でも差し出されたヤギ乳チーズは、朧《おぼろ》豆腐のようなブヨブヨした灰色気味の塊だったからだ。

でも部員たちが、おそらくレシピ本でも見ながら頑張ってつくったものだから、喜んで食べてあげようと、添えられていたスプーン（食べてほしい感、ばりばりだ）ですくって口に運んだ。見た目はよくないが、味はいい！ということもよくあることだ。

食べてみて思った。

「やっぱり失敗だわー」

なぜなら、(もうその味は忘れてしまったが)とにかく、今まで味わったことがない、妙な味で、少なくともそのときの私の舌には合わなかった。

ただし、この話には数年後の続きがあって、Ｔｍくんたちがつくったチーズは、あながち失敗ではなかったことが明らかになるのだ。

何かの雑誌で、偶然、ヤギのチーズの写真を見たのだが、それはＴｍくんが持ってきてくれたチーズとそっくりだったのだ。そしてその写真の解説には、「どろっとしていて、はじめて食べたときにはちょっと受けつけないような独特の味がするが、何度か食べているとやみつきになる」とあった。

さて、メイの出産の話だ。

メイの出産は、死産ではなかった。二匹とも生きているらしい。

正直に言うと、そのとき、次のような気持ちも頭の隅にわいていたことを白状しなければならないだろう。

「ヤギが増えたら困る!」

それと、

「生まれたのならしかたがない。元気に育ってほしい。でも、**二匹とも雌であってほしい」**

大学に着いて放牧場の小屋に向かうと、部員が何人か集まっていた。

状況は、子ヤギたちの毛がほとんど乾いていた点をのぞいて、Ｓｇくんから聞いていたとおりだった。

子ヤギたちは、床に敷いてあるスノコの上にうずくまるようにして座り、時々立ち上がっては、メイの乳首を探るような動作を見せていた。でも、メイは後ろ脚を上げ下げし、結果的に、**子ヤギたちは乳首を見つけられないでいた。**ちなみに、Ｓｇくんが言っていたとおり、確かに、

生まれたばかりの2匹の子ヤギ。時々立ち上がって乳首を探すような動作を見せたが、見つけられないでいた

母親のメイ以外のヤギはみんな外に出ているのに、**コハルだけは、小屋のなかにいた。**少し離れた場所からこちらの状況を見つめていた。

子ヤギが乳首を吸えば、メイもその感触で母性行動が触発されて、落ち着いて乳を飲ませるようになるのではないか。

なんとなくそんなことを思った私は、メイの乳首を握って乳を出し、それを乳首に塗りつけた。

子ヤギたちが、ニオイを手がかりに、乳首に吸いつくのではないかと思ったからである。

でも**なかなかうまくいかなかった。**

子ヤギは予想どおり、乳首に吸いつき、乳を飲んでいる様子だった。でも続かない。すぐに、自分から乳を吸うのをやめた。

メイの乳の出が悪いからだろうか。私が乳を搾ると乳はそれなりに出た。うまく搾ると、乳は線を描いて飛び出た。子ヤギたちの吸い方が弱いからだろうか。なんとなく、子ヤギたちに元気がないようにも見えた。

うーん、どうしたものか。

私はいったん小屋を出た。小屋のなかは暑かった。小屋を出て冷静に考えようとしたのだ。

小屋から出てみると、外では、なかの様子がとても気になるといった様子で、**戸の隙間からクルミやコムギたちがなかをのぞいていた。**でも入ろうとはしなかった。まさに、Sgくんが言った、「ほかのヤギたちは空気を読んで遠慮しているよう」だった。

確かに、社会性の発達したヤギなら、何がしかの〝空気の読み〟はあるはずだ。

私は笑ってしまった。

「そうか、そうか、**君らも心配しているんだなー**。大丈夫、私がなんとかするから」

例によって口には出さなかったが、そう思って気を引きしめた。

心配そうに子どもが生まれた小屋のなかをのぞくクルミとコムギ

次に、私が考えた策は、**哺乳瓶で子ヤギたちに乳を与える**ことだ。しばしば力なく座りこむ子ヤギたちを見ていて、とりあえずは乳を飲ませて元気を出してもらいたいと思ったからだ。

集まっていた部員のなかのＡｉさんが、哺乳瓶を買ってくる役をかって出てくれた。しばらくしてＡｉさんがもどってきた。家に寄って哺乳瓶の熱湯消毒までして来てくれていた。

私は、素早く哺乳瓶にメイの乳を搾って入れ、子ヤギたちに順番に飲ませようとした。しかし、**これもうまくいかなかった。**乳は楽に吸えるはずなのに、子ヤギたちは二匹とも、勢いよくは吸わなかった。

と、そんなとき私は、鳥取駅の近くにある小さな動物園「真教寺《しんきょうじ》動物公園」の園長さん、Ｍｕさんのことを思い出した。

Ｍｕさんはさまざまな動物の飼育・繁殖を手がけられた経験豊富な方で、真教寺動物公園ではヤギも飼われていた。

さっそく、電話した。

Ｍｕさんからの、出産後の対処についてのアドバイスは、次のようなことだった。

「ヤギの子は、産まれてから一、二日目くらいから本格的に母乳を吸いはじめる。できれば、**小さい小屋で、親子だけにして静かにしておく**のがよいのでは」（こういう情報はインターネットでは見つけられない！）

さすがMuさんだ。そうか、生まれたその日から乳をどんどん飲まなくてもいいのか。インパラやトムソンガゼルなどのアフリカのウシ科の動物たちとはちょっと違うんだ。

Muさんの言葉を聞いて、私は、ここは母子の自然なやりとりにまかせておこう、という気持ちになった。

ただし、今、ヤギ親子は、暑い大きな小屋（大きな小屋と言うのも変だけど）のなかにいるので、別な小屋に移そうと決めた。

その小屋は、七、八年前、私がほぼ一人で半日で建てた（〝建てた〟と言うにはおこがましい）小屋で、こんな状況を想定でもしていたかのように、〝隙間〟がたくさんあった。

私は部員に集まってもらい、その後の対策（つまりヤギ親子を小さな小屋に移す）について説明し、それがすんだら、今日はもう終わり。静かにして明日まで様子を見よう、と伝えた。

部員たちに付きそわれ、促され、**ヤギ親子は小さな小屋に移り、それなりにくつろいでいた**（ただし、**約一頭のヤギが、部員たちの作業をじっと見守っていた**のを私は見逃してはいなかった……）。

さて次の日、学外での会議に出席していた私に、Ａｉさんから電話がかかってきた。Ａｉさんの話では、子ヤギたちは昨日よりも足腰がしっかりして、小さな小屋のなかでメイの乳を飲んでいるということだった。とりあえず私は安堵した。ただし、**気がかりなことがある**のだという。

小屋のなかにコハルも入っていて、メイだけが小屋を出て、大きな小屋へ移動することがあるのだという。そのときは、コハルと二匹の子ヤギが小さな小屋のなかにいる状態になっているわけだ。ちなみに、そんなときでも（つまり母親であるメイがいなくてもコハルがいれば）、子ヤギたちはいたって普通に、安心したようにふるまっているのだそうだ。

Ａｉさんは、コハルがメイを追い出している可能性もあると考え、何か対策を考えたほうがよいでしょうか、と尋ねてきたのだ。

Ａｉさんの話を聞いた私は、**少し考えてしまった。コハルが子ヤギたちの世話をしようとしている**のは想像に難《かた》くなかった。なにせ、生まれたての子ヤギたちの体をなめていたくらいだから。子ヤギたちもコハルがいれば安心しているようだ。

でも、確かに、コハルがメイを追い出している可能性もあるわけだ。**メイが自発的に、「ちょっと休憩を」**みたいな感じで移動しているのなら話は違ってくるが、追い出されているのなら、なんとかしなければならない。

結局、私がＡｉさんと相談して決めたのは、「小さな小屋に、メイと子ヤギたちを入れて、入り口にパネル板を置いて、コハルが入って来られないようにする」ということだった。**ちょっとコハルにはかわいそう**な気もするが、念のために。

話はそれで終わったのだが、その後、事態は思わぬ方向に進んでいくことを、そのときは知るよしもなかった。

会議が終わって大学にもどった私は、子ヤギに会える！と、ワクワクしながら小さな小屋に行ってみた。小屋の入り口にはパネル板が置いてあった。**でも、少し動いていた。**なかをのぞきこむと、それはそれはかわいい二匹の子ヤギが、寄りそうように座っており、そのかたわらにメイが座っていた。ここまでは予想どおりだ。

でも……**メイの後ろに、背後霊のように一頭のヤギが立っている**ではないか。きっと、コハルが、パネル板の隙間に鼻をつっこみ、強引に前進してパネル板を動かし小屋に入ったのだろう。その様子が目に浮かぶようだった。
私が**複雑な気持ちでみんなに声をかける**と、メイも子ヤギたちも立ち上がった。そして、子ヤギたちがメイに近寄り、元気に乳首を吸った。

そうこうしていると、後ろから**背後霊がのっしのっしと近づいてきて、**子どもたちをゆっくりと見下ろした。
すると、子ヤギのうちの一匹が（ちなみに、二匹の子ヤギは両方とも雌だった。よかった。その後、一方には角《つの》が生え、他方は無角《むかく》であることもわかった。だから私は、部員たちが正式な名前をつけるまで、一方をツノコ、もう一方

ウシ科の子どもの吸乳行動では典型的に見られる、乳房に頭を繰り返し押しつける動作（その刺激で乳の出がよくなるらしい）も行なっている

をナシコと呼んだ)、コハルのほうへ近づき、**コハルの乳首を吸った**のだ。

もちろん、それ自体は別に驚くことでもなんでもない。そのころの子ヤギは、なんでもかんでも口で噛んで吸おうとする。私の指も、ふやけるくらい吸われた。まー、私のほうが吸ってもらおうと指を出すからそうなるのだけれども。

でも、ツノコもナシコも、どうも様子がおかしいのだ。おかしいというのは、**まるでコハルの乳首から乳が出ているかのように**、吸いつづけるのだ。私の指のように、乳が出ないものをくわえたときは、何回か吸って吐き出すのに、コハルの乳首を吸うときはいつまでも吸いつづけるのだ。

それに、〝乳房に頭を繰り返し押しつける動

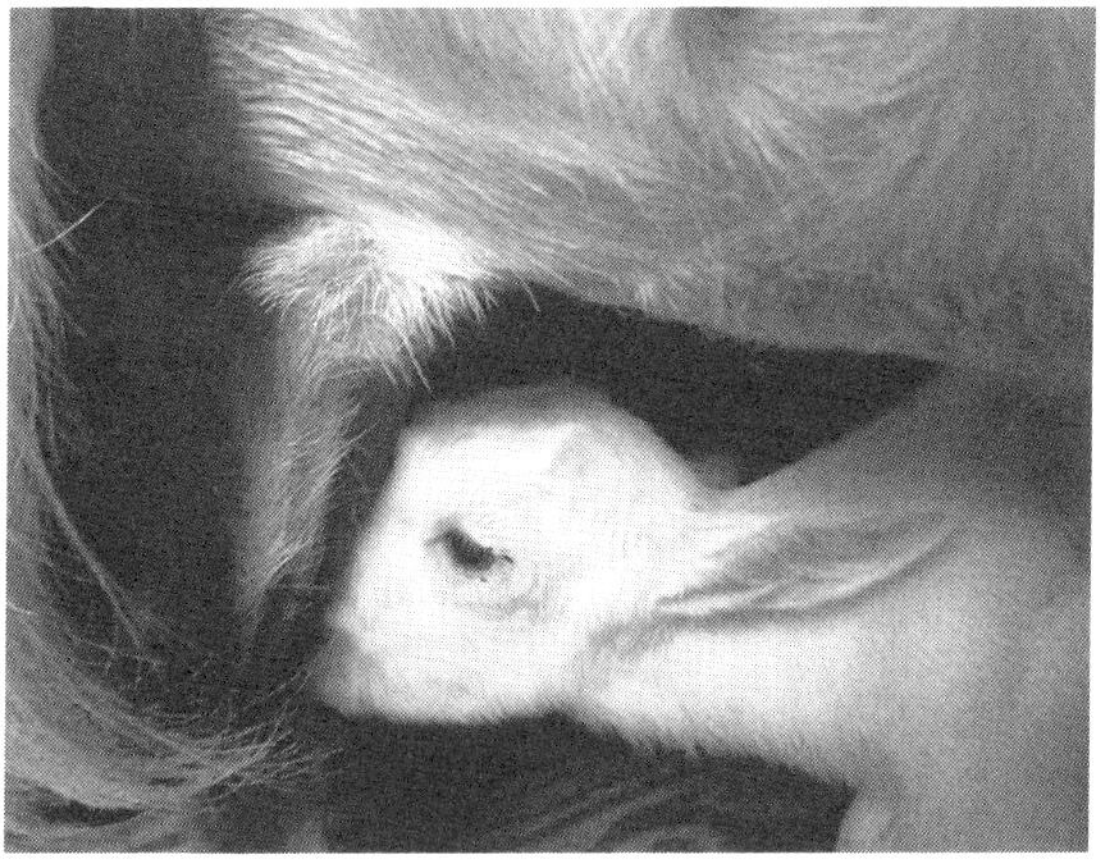

乳を吸う音もよく聞こえる。よしよしいい感じだ

作〟までやっているのだ。

　もちろん、気鋭の動物行動学者である（私が言ったのではない。ある本にそのように紹介されていたのだ。ほんとうだ）私が、その可能性を考えないはずはない。

　〝その〟とは、つまり、「まるでコハルの乳首から乳が出ているかのように」ではなく、「コハルの乳首から乳が出ている」である。

　でも………と私は考えた。さすがに、もう一〇歳を超えるコハルが、そして八年以上も出産したことがないコハルが、乳を出しはじめたりすることがあるだろうか。それより何より、**コハルは出産したわけではないのだ。**

　まさかなーと思いながら、そしてワクワクしながら、私はコハルの乳を搾ってみた。

乳を吸う子ヤギたちに後ろからコハルが近づいてきた。すると、このあと子ヤギのうちの１匹がコハルの乳首を吸ったのだ

そしたらなんと、**なんと、白い乳が、じわーっと出る**ではないか。じわーっと。

えーっ！

イヌやマウスやラットで似たような話は聞いたことがある。マウスやラットでは、子どもを産んだ複数の母親が集まり、一つの巣で共同して授乳する。コミューナル・ナーシング（共同育児）と呼ばれている。私も昔、飼育していたマウスで見たことがあるが、それはあくまで、子どもを産んだ母親が、自分の子ども以外の子どもにも授乳するという現象だ。イヌの場合については信頼に足る情報は得られなかった。

いずれにしろ、コハルで起きたことは私にと

私の指を吸う子ヤギ。乳が出ないので、何回か吸って吐き出す

っては、**はじめて目撃する出来事だ。**感動した。

私は、すぐ連絡のついたSgくんに頼んで、ほかのヤギ部の部員にも「コハルの乳が出るようになったこと」、そして「コハルが子どもたちと一緒に小屋のなかにいても、追い出さなくてもいい」という情報を伝えてもらった。

さて、それからは、**私の楽しみがまた一つ増えた。**

「メイとコハルと子ヤギたちは今後、どういう個体間関係をもちながら過ごしていくのか」を観察するという楽しみである。


ちなみに、コハルが出産もしていないのに乳が出るようになった理由として、私は次のようなことを考えている（ちょっとややこしくて申し訳ないが）。

ヤギは、西アジアに生息していたノヤギ（別名ベゾアール）に近い種類が、八〇〇〇年前くらいに家畜化されたと考えられている。そしてノヤギやヤギの直系の祖先種では、本来、コハルのような習性が、自分の遺伝子を残すうえで有利に作用している可能性があるのだ。

ここでは詳しくは述べないが、近年の動物行動学の理論では、**「行動は、自分の遺伝子を、**

より多く残せるような方向に進化する」と考えられている。

ノヤギや野生化したヤギの調査から、彼らは、互いに血縁関係（親子や姉妹、姪……）にある雌を中心にした群れをつくることが知られている（血縁関係にあるということは、互いに、同じ遺伝子を多く共有していることを意味している）。

ということは、群れのなかの個体にとって、ほかの雌が産んだ子どもは、自分がもっている遺伝子と同じ遺伝子を多くもっている可能性が高い子どもということになる。

もし、群れのなかで、〝自分〟以外の雌が産んだ子どもが、なんらかの理由で、母親から十分な乳がもらえない状況が起こったとしよう（病気とか、基礎体力の欠乏とか、あるいは死によって）。

そんなとき、〝自分〟が（そのとき出産はしていないのに）乳が出るようになって、その子どもに乳を与え、子どもが丈夫に育ったとすれば、〝自分〟の遺伝子は、その子どもを通して多く残せることになる。

そんなふうに考えると、メイは確かに、二匹の子どもが成長するのに十分な量の乳を出すには「細身で、脚も細」すぎだった。

そんな状況が、同じ群れのメンバーであるコハルに、乳を出させたのかもしれない。

ヤギの社会では、強い絆に結ばれた母と娘を単位として群れをつくっており、一緒に行動することが多く、また、敵に対して並んで攻撃することもある。

では、姉妹は今後、どんな関係になるのか、そして、**乳母と子ども、乳母と実母はどんな関係になるのか。**

先に、「メイとコハルと子ヤギたちは今後、どういう個体間関係をもちながら過ごしていくのか」を観察するのが楽しみ、と言ったのはそういう学術的な意味もあるのだ。

さて、その後のツノコ、ナシコ、乳母（コハル）、実母（メイ）のことであるが、みなさんがこの文章を読んでおられるとき（二〇一五年

子ヤギたち（右がアズキで左がキナコ）は、小屋のそばの台がお気に入り。2匹で競い合うようにして、上がったり下りたり、飽きることがない

の六月くらいだろうか）までの状況は、残念ながらお話しできない。

二〇一四年一〇月くらいの状況をお話しして、終わりにしたい。


子ヤギたち（その後の部会で、ツノコはアズキ、ナシコはキナコになった）は、元気いっぱいである。

これはヤギの子どもに特徴的な習性なのであるが、とにかくよく跳《は》ねる。何が楽しいのか、**暇さえあればとにかく跳ねている。**

もちろん好奇心も旺盛で、部員が近寄ると、二匹が入れ替わり立ち替わり、長靴のなかに顔をつっこんだり、ズボンの裾や靴の紐を噛んだり、大歓迎である。

時々実母のメイが様子を見に来ることもある

しかし……だ。これは、おそらく**私にしかしないだろうと思われる行動**を、チビスケたちは見せてくれるのだ。

小屋の近くには「はじめに」でもお話しした木の台（長椅子）があり、アズキとキナコは、競い合うようにしてその台に上がろうとする。上がっては下り、下りては上がるのだ。

時々実母のメイが様子を見に来ることもあるが、気にとめる様子もない。

ところが、私が行くと、ちょっと様子が変わるのだ。特に小さな小さな角が生えてきたアズキのほうは。

アズキは、台からジャンプするのが大好きで、時には大人のヤギの背中を越えるくらい高くジャンプする。

アズキは、台からジャンプするのが大好き。時には大人のヤギの背中を越えるくらい高くジャンプする

そのアズキが、私が台に近づくと、何を思うのか**私めがけてジャンプ**してくるのだ。

それがどういうことを意味するのか、まだ私にはわからない。でも、とにかく**私をめがけて高く高く飛び跳ねてくる**のだ。そして、しゃがんだ私の胸や脚にぶつかるようにして着地するのだ。

手ごたえのあるふれあいを求めているのだろうか。

でも一つ、期待もこめて、直感的に感じることがある。それは、アズキは、私に全幅の信頼を置いているということだ。

そんなアズキに私は言ってやるのだ。

「アズキさん、あなたはどうして私に向かって飛んでくるの。**ちょっと痛いんですけど**」（痛

私が台に近づくと、私めがけてジャンプしてくる。しゃがんだ私の胸や脚にぶつかるようにして着地する。痛いよ

いけどかわいい）

教育・研究棟の三階の踊り場から、こんな場面も見たことがある。

アズキとキナコが台をはさんで、上がったり下りたりしていた。

あるとき、キナコが何を思ったのか、草の間を猛然と走ってメイのところへ行った。

それをアズキは見ていなかったらしく、台から下りたら**「キナコがいない！」**ということになったようだ。しばらく**あたりをキョロキョロ見て、**キナコを探しているような様子だった。

そして、数十メートル離れたところにいたキナコとメイを見つけたのだろう。これまた猛スピードでキナコのところへ駆けていった。

乳母（コハル）の乳を吸うキナコ

アズキとキナコはなにやっとんだ。 私の心はパッと明るくなった。

さて、では、**二匹の子ヤギとコハルはどうなったか。** これまた興味深いのだが、きわめて親密なのだ。乳を飲むのをやめてからも、親子のような関係を保っているのだ。

私のゼミのＮｙさんは、ヤギの群れの個体同士の関係を、個体間距離をもとにして調べている。

屋上から見下ろすと、広い放牧場のなかを自由に行動するヤギの一個体ずつの動きが、一目瞭然で見渡せる。絶好の調査対象だ。でも、カメラで撮影しても正確に個体が識別できず、Ｎ

小屋のなかでアズキとキナコに添い寝する乳母（コハル）

yさんは肉眼でずーっと見なければならないので結構大変らしいのだ。また、小屋のなかの状態は、小屋まで行って確認しなければならず、いい運動になるらしい。

そのNyさんの数カ月のデータによれば、授乳期間中も乳離れしたあとも、コハルと子ヤギたちの個体間距離は、メイと子ヤギたちの個体間距離に近いくらいくっついているのだ。もちろん、メイやコハル以外のヤギと子ヤギたちの個体間距離はかなり離れている。

さらに小屋のなかでの添い寝の頻度も、コハルと子ヤギたちの回数は、メイと子ヤギたちの回数に近いくらい多いのだ。ちなみに、メイやコハル以外のヤギと子ヤギたちの添い寝は一度もない。

ここでは詳しいことはお話しできないが、諸々のデータとも合わせて、Nyさんのデータは結構面白いと思っている。努力の賜物《たまもの》だろう。

苦労や悩みも含め、語りつくせない出来事を乗り越えながら、ヤギたちとヤギ部は日々を重ねている。

さて、いよいよ最後になった。最後はメイの話でしめくくろう。

大学に来たときのメイは、いつも帰っていく部員のあとを追ってメーメー鳴くヤギだった。

でも、子どもを産んでとてもたくましくなった。もう、部員のあとを追うこともない。
でも**一つ心配事があるらしい。**
子どもたちが、柵をすりぬけて外に出て放牧場のまわりを徘徊することだ。
メイは子どもたちの行方を見つめながら警戒の声を出している。
でも、メイさん、もう少し子どもの体が大きくなったらその心配もなくなるからね。

待てよ、そうだ。**乳母はそのことをどう思っているのだろうか。**乳母は。
明日、様子を見てみよう。**乳母としての責任もあるだろう。**責任も。

手前の２匹がキナコとアズキ。柵のなか（右上）から２匹を見ているのが実母のメイ

著者紹介

小林朋道（こばやし　ともみち）

1958 年岡山県生まれ。

岡山大学理学部生物学科卒業。京都大学で理学博士取得。

岡山県で高等学校に勤務後、2001 年鳥取環境大学講師、2005 年教授。

2015 年より公立鳥取環境大学に名称変更。

専門は動物行動学、人間比較行動学。

著書に『絵でわかる動物の行動と心理』（講談社）、『利己的遺伝子から見た人間』（PHP 研究所）、『ヒトの脳にはクセがある』『ヒト、動物に会う』（以上、新潮社）、『なぜヤギは、車好きなのか？』（朝日新聞出版）、『先生、巨大コウモリが廊下を飛んでいます！』『先生、シマリスがヘビの頭をかじっています！』『先生、子リスたちがイタチを攻撃しています！』『先生、カエルが脱皮してその皮を食べています！』『先生、キジがヤギに縄張り宣言しています！』『先生、モモンガの風呂に入ってください！』『先生、大型野獣がキャンパスに侵入しました！』『先生、ワラジムシが取っ組みあいのケンカをしています！』（以上、築地書館）など。

これまで、ヒトも含めた哺乳類、鳥類、両生類などの行動を、動物の生存や繁殖にどのように役立つかという視点から調べてきた。

現在は、ヒトと自然の精神的なつながりについての研究や、水辺や森の絶滅危惧動物の保全活動に取り組んでいる。

中国山地の山あいで、幼いころから野生生物たちとふれあいながら育ち、気がつくとそのまま大人になっていた。1 日のうち少しでも野生生物との“交流”をもたないと体調が悪くなる。

自分では虚弱体質の理論派だと思っているが、学生たちからは体力だのみの現場派だと言われている。

ブログ「ほっと行動学」 http://koba-t.blogspot.jp/

先生、洞窟でコウモリとアナグマが同居しています!

鳥取環境大学の森の人間動物行動学

2015年6月10日　初版発行

著者　小林朋道
発行者　土井二郎
発行所　築地書館株式会社
〒104-0045
東京都中央区築地7-4-4-201
☎03-3542-3731　FAX 03-3541-5799
http://www.tsukiji-shokan.co.jp/
振替00110-5-19057
印刷製本　シナノ印刷株式会社
装丁　山本京子＋阿部芳春

ISBN978-4-8067-1494-1

大好評　先生！シリーズ

先生、ワラジムシが取っ組みあいのケンカをしています！

［鳥取環境大学］の森の人間動物行動学

小林朋道［著］1600円+税

黒ヤギ・ゴマはビール箱をかぶって草を食べ、
コバヤシ教授はツバメに襲われ全力疾走、
そして、さらに、モリアオガエルに騙された！
自然豊かな大学を舞台に起こる動物と植物と人間をめぐる、
笑いあり、涙ありの事件を人間動物行動学の視点で描く。

先生、巨大コウモリが廊下を飛んでいます！

シリーズ第1巻。教授の行く先には数々の動物珍事件が待っている！

先生、シマリスがヘビの頭をかじっています！

ヘビを怖がるヤギ部のヤギコ、飼育箱を脱走したアオダイショウのアオ。

先生、子リスたちがイタチを攻撃しています！

実習中にモグラが砂利から湧き出て、学生からあずかった子ヤモリが逃亡。

先生、カエルが脱皮してその皮を食べています！

ヤギ部のヤギは夜な夜な柵越えジャンプで逃げ、イモリはシジミに指をはさまれる。

先生、キジがヤギに縄張り宣言しています！

フェレットが地下の密室から姿を消し、ヒメネズミはヘビの糞を葉っぱで隠す。

先生、モモンガの風呂に入ってください！

モモンガの森のために奮闘する教授。芦津モモンガプロジェクトの成り行きは？

先生、大型野獣がキャンパスに侵入しました！

捕食者の巣穴の側で暮らすトカゲ、ハチをめぐる妻との攻防、ヤギコとの別れ。

各巻1600円+税

価格は2015年5月現在
総合図書目録進呈します。ご請求は下記宛先まで
〒104-0045　東京都中央区築地7-4-4-201　築地書館営業部
メールマガジン「築地書館 BOOK NEWS」のお申し込みはホームページから
http://www.tsukiji-shokan.co.jp/